SCIENCE

OUJIN KEPU DA

及科学知识，拓宽阅读视野，激发探索精神，培养科学热情。

别小看了这些知识

吉林出版集团
北方妇女儿童出版社

U0577410

图书在版编目(CIP)数据

别小看了这些知识／李慕南,姜忠喆主编. —长春
：北方妇女儿童出版社,2012.5(2021.4重印)
(青少年爱科学.走进科普大课堂)
ISBN 978 - 7 - 5385 - 6326 - 9

Ⅰ.①别… Ⅱ.①李… ②姜… Ⅲ.①生活 - 知识 -
青年读物②生活 - 知识 - 少年读物 Ⅳ.①TS976.3 - 49

中国版本图书馆 CIP 数据核字(2012)第 061959 号

别小看了这些知识

出 版 人	李文学	
主　　编	李慕南　姜忠喆	
责任编辑	赵　凯	
装帧设计	王　萍	
出版发行	北方妇女儿童出版社	
地　　址	长春市人民大街 4646 号 邮编 130021	
	电话 0431 - 85662027	
印　　刷	北京海德伟业印务有限公司	
开　　本	690mm × 960mm　1/16	
印　　张	13	
字　　数	198 千字	
版　　次	2012 年 5 月第 1 版	
印　　次	2021 年 4 月第 2 次印刷	
书　　号	ISBN 978 - 7 - 5385 - 6326 - 9	
定　　价	27.80 元	

前　　言

科学是人类进步的第一推动力,而科学知识的普及则是实现这一推动力的必由之路。在新的时代,社会的进步、科技的发展、人们生活水平的不断提高,为我们青少年的科普教育提供了新的契机。抓住这个契机,大力普及科学知识,传播科学精神,提高青少年的科学素质,是我们全社会的重要课题。

一、丛书宗旨

普及科学知识,拓宽阅读视野,激发探索精神,培养科学热情。

科学教育,是提高青少年素质的重要因素,是现代教育的核心,这不仅能使青少年获得生活和未来所需的知识与技能,更重要的是能使青少年获得科学思想、科学精神、科学态度及科学方法的熏陶和培养。

科学教育,让广大青少年树立这样一个牢固的信念:科学总是在寻求、发现和了解世界的新现象,研究和掌握新规律,它是创造性的,它又是在不懈地追求真理,需要我们不断地努力奋斗。

在新的世纪,随着高科技领域新技术的不断发展,为我们的科普教育提供了一个广阔的天地。纵观人类文明史的发展,科学技术的每一次重大突破,都会引起生产力的深刻变革和人类社会的巨大进步。随着科学技术日益渗透于经济发展和社会生活的各个领域,成为推动现代社会发展的最活跃因素,并且成为现代社会进步的决定性力量。发达国家经济的增长点、现代化的战争、通讯传媒事业的日益发达,处处都体现出高科技的威力,同时也迅速地改变着人们的传统观念,使得人们对于科学知识充满了强烈渴求。

基于以上原因,我们组织编写了这套《青少年爱科学》。

《青少年爱科学》从不同视角,多侧面、多层次、全方位地介绍了科普各领域的基础知识,具有很强的系统性、知识性,能够启迪思考,增加知识和开阔视野,激发青少年读者关心世界和热爱科学,培养青少年的探索和创新精神,让青少年读者不仅能够看到科学研究的轨迹与前沿,更能激发青少年读者的科学热情。

二、本辑综述

《青少年爱科学》拟定分为多辑陆续分批推出,此为第三辑《走进科普大课堂》,以"普及科学,领略科学"为立足点,共分为 10 册,分别为:

1.《时光奥秘》

2.《科学犯下的那些错》

3.《打出来的科学》

4.《不生病的秘密》

5.《千万别误解了科学》

6.《日常小事皆学问》

7.《神奇的发明》

8.《万物家史》

9.《一定要知道的科学常识》

10.《别小看了这些知识》

三、本书简介

本册《别小看了这些知识》别出心裁，精选出诸多常见的科学常识，通过生动有趣的小故事，帮助孩子发现问题，探究缘由，从而留心科学，爱上科学，步入神奇的科学世界！

大熊猫只吃竹子吗？竹子是草还是树呢？真的有"鬼火"吗？铅笔是铅做的吗？……科学无处不在，疑问时时发生。在孩子们的眼里，世界精彩纷呈，充满神秘。遇到不明白的事，他们总有着浓浓的好奇心理和探究兴趣。一本书无法改变整个世界，但可能会塑造孩子的一生！

对生活中的自然现象、事物保持好奇心和探索欲，孩子的观察力会变得更为敏锐、细致；如果尝试着了解这些现象背后的秘密，不但能提高孩子的理解能力，而且还可以丰富他们的知识储备。本书能满足孩子们的好奇心，培养孩子们的思维能力，激发他们的想象力和探索世界的潜能。本书包含了中小学生最感兴趣、最想知道的科学常识，是中小学生学知识、长见识的好帮手。

本套丛书将科学与知识结合起来，大到天文地理，小到生活琐事，都能告诉我们一个科学的道理，具有很强的可读性、启发性和知识性，是我们广大读者了解科技、增长知识、开阔视野、提高素质、激发探索和启迪智慧的良好科普读物，也是各级图书馆珍藏的最佳版本。

本丛书编纂出版，得到许多领导同志和前辈的关怀支持。同时，我们在编写过程中还程度不同地参阅吸收了有关方面提供的资料。在此，谨向所有关心和支持本书出版的领导、同志一并表示谢意。

由于时间短、经验少，本书在编写等方面可能有不足和错误，衷心希望各界读者批评指正。

本书编委会

2012 年 4 月

目　　录

一、动物世界

二、植物天地

三、生活百科

四、科技大观

五、健康生活

六、人体奥秘

一、动物世界

蜂巢的巢空总是六边形

　　蜜蜂的蜂巢构造非常精巧、适用而且节省材料。蜂房由无数个大小相同的房孔组成，房孔都是正六角形，每个房孔都被其他房孔包围，两个房孔之间只隔着一堵蜡制的墙。令人惊讶的是，房孔的底既不是平的，也不是圆的，而是尖的。这个底是由三个完全相同的菱形组成。

　　蜂房的结构引起了科学家们的极大兴趣。经过对蜂房的深入研究，科学家们惊奇地发现，相邻的房孔共用一堵墙和一个孔底，非常节省建筑材料；房孔是正六边形，蜜蜂的身体基本上是圆柱形，蜂在房孔内既不会有多余的空间又不感到拥挤。蜂巢的结构给航天器设计师们很大启示，他们在研制时，采用了蜂巢结构。现在的航天飞机、人造卫星、宇宙飞船在内部大量采用蜂巢结构，卫星的外壳也几乎全部是蜂巢结构。因此，这些航天器又统称为"蜂巢式航天器"。

蜂巢

蜜蜂螫人后会死去

人假如驱赶、扑打蜜蜂，蜜蜂就会出于自我防护的本能而螫人。但是，蜜蜂螫了人以后，自己也会死掉。这是为什么呢？

蜜蜂螫人用的刺针是由一根背刺针和两根腹刺针所组成的，其末端与其体内的大、小素腺和内脏器官相连接。刺针的尖端带有倒钩，蜜蜂在螫了人以后，刺针的倒钩钩住了人的皮肤，使刺针拔不出来，但蜜蜂又必须得飞走，于是飞走时一使劲，就把蜜蜂的内脏拉坏甚至可能拉脱掉，所以蜜蜂就死了。

蝴蝶飞舞时没有声音

我们经常听到苍蝇或蚊子飞起来时的嗡嗡之声，但蝴蝶飞起来却好像是"无声无息"一样，这是什么原因呢？

蝴蝶飞舞的时候也是有声音的，只是蝴蝶的翅膀比较大，扇动的频率比苍蝇和蚊子的低，引起的振动小，所以飞起来的声音的分贝也比较小。而人耳的听觉频率大概是 40 ~ 50kHz，低于这个频率的声音，人耳不容易听到。所以，我们能听见苍蝇和蚊子飞行时的声音，却听不到蝴蝶飞舞的声音。

蝴蝶

蝴蝶的翅膀

蝴蝶的翅膀上生长着一层极微小的形状各异的鳞片。鳞片里含有多种特殊的化学元素颗粒，这些五颜六色的颗粒组合到一起，便构成了绚丽多彩的图案。此外，鳞片上还生长着上千条横行脊纹，这种脊纹越多，就越闪烁着美丽多彩的光芒。

蜻蜓点水

蜻蜓有时在水面飞翔，尾尖紧贴水面，一点一点用尾尖点水，这就是人们常说的"蜻蜓点水"。蜻蜓为什么要点水呢？

蜻蜓虽然是生活在陆地上的昆虫，整日飞行在空中，但它们的幼虫却要生活在水里。为了繁衍后代，它必须选择在有水的地方产卵，受精卵要在水中才能孵化。于是蜻蜓用尾巴点水的方法，把受精卵排到水中，卵到了水中附着在水草上，不久便孵出幼虫。幼虫叫水蚕，在水中生活一段时间后，便沿水生植物的枝条爬出水面，变成了展翅飞翔的蜻蜓。

蜻蜓

萤火虫为什么能发光?

　　美丽的夏夜，经常会看到萤火虫一闪一闪地飞过，非常漂亮。萤火虫为什么能发光呢?

　　萤火虫能够发光是因为身上有发光器。萤火虫的发光器是由发光细胞、反射层细胞、神经与表皮等组成。如果将发光器的构造比喻成汽车的车灯，发光细胞就有如车灯的灯泡，而反射层细胞就有如车灯的灯罩，会将发光细胞所发出的光集中反射出去。所以虽然只是小小的光芒，在黑暗中却让人觉得相当明亮。萤火虫的发光器会发光，起始于传至发光细胞的神经冲动，这使得原本处于抑制状态的荧光素被解除抑制。萤火虫的发光细胞内有一种含磷的化学物质，称为荧光素，发光细胞在荧光素的催化下氧化，伴随产生的能量便以光的形式释出。由于反应所产生的大部分能量都用来发光，只有2%~10%的能量转为热能，所以当萤火虫停在我们的手上时，我们不会被萤火虫的光给烫到，所以有些人称萤火虫发出来的光为"冷光"。

萤火虫

蚊子喜欢咬穿深色衣服的人

我们知道蚊子之所以昼伏夜出，主要是因其具有趋暗的习性。如果人们穿着深色衣服，在夜间便会呈现一团黑影，蚊子会向着更暗的地方追逐而去。衣服颜色如黑色是蚊子进攻的首选对象，其次是蓝、红、绿等。同样的道理，蚊子爱叮肤色较黑或肤色发红的人。

倒挂在天花板上的苍蝇

苍蝇每条腿的最前端都有一个小钩，这些小钩可以钩住某些凸凹不平的地方。此外，在苍蝇每条腿的小钩后面，还有一个小小的吸盘，如果停在某些比较光滑。的物体上，如玻璃或者天花板上小钩起不了作用的时候，小钩就向上翘，让吸盘来发挥作用。吸盘利用空气压力的作用，紧紧地吸附在这个物体上。所以，苍蝇即使倒挂在天花板上也掉不下来。

苍蝇

苍蝇搓脚

苍蝇搓脚是为了清除脚上沾着的食物等东西，保持脚的清洁。否则，脚上的东西会越积越多，不仅影响飞行、爬行，还会使它脚上的味觉器官失灵。也就是说，苍蝇搓脚是为了使脚清洁，以保持它飞行、爬行和味觉的灵敏性。

蝙蝠倒挂

蝙蝠喜欢倒挂是其在大自然中进化的结果。一般蝙蝠后肢均有五趾，而且略为退化并向后旋转，五趾上均具有钩爪，钩爪有利于悬挂，但不利于在地上或洞穴中站立。蝙蝠倒挂还有一个好处就是，当它们用钩爪倒挂着的时候，母蝙蝠可以用双翼把幼蝙蝠抱在胸前，幼蝙蝠会得到蝙蝠妈妈的细心照顾。

此外，由于蝙蝠是唯一真正能飞行的哺乳类，具有又宽又大的翼膜。它的后脚又短又小且被翼膜连住，当它落在地面上时只能伏在地面，身子和翼膜都贴着地面，不能站立或行走，也不能展开翼膜飞起来，只能慢慢爬行很不灵活。而如果爬到高处倒挂起来，遇有危急便可随时伸展翼膜起飞，从而有效地保护了自己的安全。

蝙蝠

鸟善飞翔

鸟善于飞翔，是由于鸟具有三个很重要的特征：

首先，鸟类的身体外面是轻而温暖的羽毛，羽毛不仅具有保温作用，而且使鸟类外形呈流线型，在空气中运动时受到的阻力较小，有利于飞翔。飞行时，两只翅膀不断上下扇动，鼓动气流，就会产生巨大的下压力，使鸟体快速向前飞行。

其次，鸟类的骨骼轻而坚薄。鸟的骨头是空心的，里面充有空气。解剖鸟的身体骨骼还可以看出，鸟的头骨是一个完整的骨片，身体各部位的骨椎也相互愈合在一起，肋骨上有钩状突起，互相钩接，形成强固的胸廓。鸟类骨骼的这些独特的结构，减轻了重量，加强了支持飞翔的能力。

第三，鸟的胸部肌肉非常发达，还有一套独特的呼吸系统。与飞翔生活相适应，在飞翔时，鸟由鼻孔吸收空气后，一部分用来在肺里直接进行碳氧交换，另一部分是存入气囊，然后再经肺排出。这使鸟类在飞行时，一次吸气可以在肺部完成两次气体交换，这种鸟类特有的"双重呼吸"保证了鸟在飞行时的氧气充足。

唱歌的鸟

鸟唱歌主要有两种情况：一种叫鸟啭；一种叫叙鸣。

鸟啭是繁殖期间雄鸟求偶的信号。比如百灵和云雀，每年四月是它们的配偶期，也是它们歌唱的高潮阶段，边歌边舞竟高达百米以上，在高空舞蹈数圈后，迅速下降，返回原地，和雌鸟交尾。在整个繁殖期内，歌唱是很少停止的，但在生育期后，歌唱就暂时中断了。

鸟的叙鸣是日常自娱的歌唱。鸟儿的鸣叫还是一种防御的反应。比如孤雁哀鸣，是求助的信号。站岗的大雁一旦发现敌情，会立即鸣叫，警示大家，而幼鸟的鸣叫，多是求食信号。

鸽子送信

一只信鸽，即使你把它带到千里之外的陌生地方，它也能把信带回家。但是，如果在鸽子头顶和脖子上绕几匝线圈，以小电池供电，鸽子头部就会产生一个均匀的附加磁场，干扰它接收地磁场。当电流顺时针方向流动时，在阴天放飞的信鸽就会向四面八方乱飞。这表明：鸽子是靠地磁导航的。但是地磁并不是它的唯一的罗盘。鸽子还能在晴天时根据太阳的位置选择飞行方向，并由体内生物钟对太阳的移动进行相应的校正。

鸟站在树上睡觉为什么不会掉下来？

住在树上的鸟类，它们都可以用爪子紧抓住树枝睡觉。它为什么不会掉下来呢？奥妙在鸟的腿脚之上。树栖鸟类的腿脚，有一个锁扣的机关，长有屈肌与筋腱，十分适合抓住树枝。每当鸟儿全身放松而蹲下睡觉之时，一定是万无一失，不会摔下来的。每当鸟儿睡醒以后站起来的时候，它腿上的肌腱又会重新地舒展开。与此同时，鸟类为了适应环境的需求，在长期的飞翔过程中练就了一身高超的平衡本领，这同样也是它能在睡眠的时候不会从树上掉下来的重要原因。

鸟是怎样降落的?

鸟是通过降低飞行速度来降落的。减速时，它们将身体转向使其变成朝上的姿势，并将尾部的羽毛朝下展开。此外，它们还将双腿朝前下方放置，起辅助制动的作用。还有一些鸟在降落时要朝相反的方向轻轻扇动翅膀，仿佛是要把自己向后推似的。

麻雀只能跳来跳去而喜鹊能够走路

几乎所有鸟类骨骼都是中空骨，这样在减轻了飞行负重的同时也减低了骨密度。一般来讲，小型个体的鸟类如麻雀是用"跳"的，因为它们自身的重量可以在弹跳落地时给以腿骨和胸腔很小的冲击力。而体形较大的鸟类如喜鹊在跳跃的时候通常会伴有"扑翅"的现象，这是为了减少因体重对骨头所产生的强大冲击力，因为同样是中空骨，体形大的鸟群易造成骨折的现象。所以，跳还是走是由骨骼的坚韧程度和鸟类的体形决定的。

麻雀

喜鹊

雷鸟"换衣服"

雷鸟在冬天除了头顶和尾部的羽毛是黑色的以外，全身都穿上一套雪白的"冬装"，连双脚也穿上了"白袜子"。春天冰雪融化，渐渐露出土层时，雷鸟开始在白色的"外套"上，长出棕黄色斑点的羽毛，跟周围生活的环境十分适应。到了夏天，它又换上了像树皮颜色的"夏装"。当秋风萧瑟、落叶纷飞的季节，它又开始换毛了，穿上棕色、上面有黑色大斑点的"秋衣"。雷鸟就是这样随季节的变化更换羽毛的颜色，这种现象是生物在长期进化的过程中，慢慢形成的适应环境的保护色。

雷鸟

"千里眼"老鹰

老鹰可以在几千米的高空，准确无误地辨别地上的动物，就连蛇、田鼠等也逃不过它的眼睛。它为什么能这么厉害？这是老鹰的眼部结构比较独特的缘故。人类每只眼睛的视网膜上，都有一个凹槽，叫做中央凹，而老鹰眼中的中央凹却有两个。这两个中央凹的作用不同，其中的一个专门用来向前方看，另一个则专门用来向侧面看。这样，老鹰的视觉范围就宽得多，能兼顾前方和侧面。除此以外，老鹰的每个中央凹内用于看东西的细胞也比人类的多出六七倍。所以，老鹰的眼睛不仅比其他动物看得远，而且看得更清楚。

翱翔的雄鹰

喜欢晚上出来猎食的猫头鹰

　　猫头鹰是典型的夜行性鸟类。它的视觉神经非常敏感，白天的紫外线会对它的眼睛造成伤害。猫头鹰的眼球呈管状，在猫头鹰眼睛的视网膜上有极其丰富的柱状细胞。柱状细胞能感受外界的光信号。猫头鹰的听觉非常灵敏，在伸手不见五指的黑暗环境中，听觉起主要的定位作用。猫头鹰的左右耳是不对称的，左耳道明显比右耳道宽阔，而且左耳有很发达的耳鼓。大部分猫头鹰还生有一簇耳羽，形成像人一样的耳郭。另外，猫头鹰脸部有由硬羽组成的面盘，这个面盘是很好的声波收集器。此外猫头鹰硕大的头使两耳之间的距离较大，这可以增强对声波的分辨率。

　　猫头鹰在扑击猎物时，它的听觉起定位作用。它能根据猎物移动时产生的响动，不断调整扑击方向，最后出爪，一举奏效。视觉和听觉的相互作用，使猫头鹰成为在各方面都适应夜行生活的高效的夜间捕猎能手。

猫头鹰

大雁为什么常常排成 "人" 或 "一" 字队形飞行呢？

　　大雁飞行时，常常排成 "人" 字或斜 "一" 字形。有人说这是雁群纪律严明的表现，其实，这是一些候鸟在长途迁徙飞行时节省体力消耗的一种秘诀。鸟类飞行时，翅膀尖端会产生一股向前流动的气流，叫做 "尾涡"。后面的鸟利用前面的 "尾涡"，飞行时要省力得多。

　　雁群飞行时所排列的队形，正是它们对 "尾涡" 气流的利用。大雁越多，雁飞起来就越省力气。同时，排队飞行，还可以防御敌害，相互照应，避免掉队。由于领头雁无 "尾涡" 利用，最为辛苦，所以雁群队形经常变换，其作用正是为了轮换头雁，使它别太累了。

飞行中的大雁

杜鹃借窝繁殖后代

　　杜鹃一般不营建自己的巢穴，而是在别的鸟窝中下蛋，让别的鸟替它们孵化幼鸟。先孵化出的杜鹃幼鸟随即会把巢内其他的鸟蛋挤出去，让"养母"来单独喂养它，所以小杜鹃长得很快。当它能独立飞行时，老杜鹃会来将它按走。

　　为什么杜鹃总能找到替它孵化与喂养后代的鸟呢？

　　科学家经过长期观察后发现，在大多数情况下，别的鸟都未对杜鹃扔下的鸟蛋采取惩罚措施，原因就在于杜鹃采用了各种"讹诈"手段吓唬它们，否则它们的窝便会被捣毁，蛋与小鸟也会遭殃，弄得"家破人亡"。

巢中的为小杜鹃

啄木鸟为什么不会"脑震荡"?

科学家们发现，啄木鸟每一次敲击的速度可达每秒 555 米，这比空气的传播速度要快 1.4 倍！这样推算，啄木鸟头部运动的速度更为惊人，约每小时达 2028 千米，比子弹出膛时的速度快 1 倍多，它头部所受的冲击力等于所受重力的 1000 倍。

啄木鸟头部受到如此大的冲力，头部为什么没有被撞坏而患脑震荡呢？

科学家们经过研究发现，原来啄木鸟的头部很特殊：头颅坚硬，骨质松而充满气体，似海绵状；头的内部有一层坚韧的外脑膜，在外脑膜与脑髓间有狭窄的空隙，它可以减弱震波的流体传动；从头的横断面剖析显示出脑组织十分致密。这样，啄木鸟就具有三层防震装置，再加上啄木鸟头部的两侧有强有力的肌肉系统，又起着防震作用。由于啄木鸟具备了得天独厚的防震"法宝"，它才不会发生脑震荡。

啄木鸟

"强盗鸟"军舰鸟

军舰鸟的身体很轻，翅膀很长，黑色的羽毛闪烁着绿紫色的金属光泽。军舰鸟是海鸟中优秀的飞行能手之一。它俯冲时最大的时速可以达到153千米。

军舰鸟是地地道道的空中强盗。为了得到美味可口的鱼虾，军舰鸟总是在空中盘旋观察。不过，它不是在水里找目标，而是寻找有没有刚刚捕获猎物的海鸟。因为，军舰鸟的尾脂腺不发达，落水后就会全身湿透，无法飞行，所以军舰鸟就做不光彩的拦路抢劫的勾当。

军舰鸟重要的食物来源是对刚刚从海里捕到鱼虾的海鸥、海燕和鸬鹚等海鸟进行"拦路抢劫"。军舰鸟一旦发现那些海鸟就立即追上去，在空中袭击它们。那些弱小的鸟类，很难抵御飞行迅速、动作灵活的军舰鸟的进攻。如果它们不赶快把吃进去的食物吐出来，军舰鸟会咬住它们的尾巴或者是一块皮毛拼命地撕扯，或者用带钩的长嘴猛地一啄，使鸟的翅膀脱臼。受害者遇到不讲理的军舰鸟，只好乖乖地把吃到嘴里的美味吐出来。由于军舰鸟的这种"抢劫"行为，人们贬称它为"强盗鸟"。

军舰鸟

红色的火烈鸟

　　火烈鸟之所以是红色的，主要是由它们所吃的食物造成的。当火烈鸟生长时，它所捕食的褐虾以及其他甲壳纲动物身上的一种叫做类胡萝卜素的红色色素会直接进入到火烈鸟的羽毛之中，使得它们的羽毛呈现红色。

火烈鸟

一只脚站着的鹤

在动物园的飞禽馆观赏鸟的时候，我们常可看见白鹤、鹭鸶等鸟类只用一只脚站在那里，这是为什么呢？

鹤通常只在休息或睡觉的时候才单脚站立。鸟类学家认为，它们这么做是为了减少能量的消耗。通常它们会把一只脚收到翅膀之下休息，交替使用两只脚"独立"。鹤的这种行为很像人在长时间站立时，调整身体重心让两条腿轮流受力。由于鹤无法改变身体重心，只能从一只脚换到另一只脚。它们这样做还是一种节省能量消耗的好方法，有利于调节体温。鹤收起的那只脚，由于有温暖的羽毛覆盖，它的热量散失会更小。除了鹤，还有许多腿长的鸟也会在休息时一只脚站立，例如黄脚绿鸠和鹭。但是，当这些鸟感觉危险或准备远行时，它们都会两只脚着地，然后展开翅膀飞向高空。

鹤

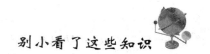

在沙漠中"健步如飞"的鸵鸟

　　人在沙漠中行走，往往会因为脚陷入沙子里而举步维艰，但鸵鸟却可以在沙漠中"健步如飞"，这是什么原因呢？这和鸵鸟的脚有很大的关系。鸵鸟的脚长得很特别，两个脚趾一个大，一个小，全部向前长着。趾下长有厚厚的肉垫和角质皮，这样在沙漠里行走时不至于陷入沙里，也不会被热沙烫伤。鸵鸟的翅膀虽然不能飞，但能在快速奔跑时可以帮助身体保持平衡，所以在沙漠中它能"健步如飞"。

鸵鸟

不会飞的鸵鸟

　　科学家们经过研究后发现，鸵鸟的祖先是有飞行能力的，但是由于鸵鸟在所生活的地域没有天敌，因而没有必要靠飞行来逃避敌害，所以就逐渐丧失了飞行的能力，慢慢导致翅膀变小，胸肌不发达，骨头变重，体型变大，然后就朝着快速奔跑的方向发展，腿肌愈来愈发达，脚趾数目愈来愈少，最终再也不会飞了。

孔雀开屏

　　孔雀的开屏现象是和它的繁殖密切相关的，是孔雀的一种求偶表现。动物学家研究发现，每年 3～4 月，是孔雀开屏最盛的时候，而这个时候正是它们的繁殖季节。开屏这个动作是动物本身生殖腺分泌出的性激素刺激的结果，雄孔雀用漂亮的尾屏来吸引异性，是它为繁殖后代的本能动作。有时孔雀也会在穿着艳丽服装的游客面前开屏。动物学家认为，艳丽服色、游客的大声说笑，也可以刺激孔雀，引起它们的戒备，这时的开屏，是孔雀的一种示威、防御动作，而不是在和人们"比美"。

孔雀开屏

鸡吃石头

　　鸡爱在地上东啄西挖，拣沙粒或小石子吃。有的小朋友以为小鸡饿了，马上喂米粒、面包或菜叶给它吃，可是食物再丰富，它还是要去寻找沙粒和小石子吃。鸡为什么有这个"怪脾气"呢？这是因为鸡的身体里面，有一个用来帮助消化的砂囊。砂囊是鸡的胃的一部分，由于鸡没有牙齿，所以无法咀嚼食物，于是只好将食物与一些小沙石一起吃进肚子里，食物和石子混在一起，就被磨碎了，磨碎的食物就容易消化吸收了。所以鸡除了吃食物，还要吃小石子。

鸡

双黄蛋会不会孵出双胞胎的小鸡？

双黄蛋的出现，主要是蛋在形成过程中，母鸡的卵巢内同时排出两个卵黄，卵黄即落入输卵管，通过输卵管的蠕动，进入膨大部，蛋的大部分蛋白就在这里形成。在产蛋时，就成了双黄蛋，蛋形特别大。

如果双黄蛋是受精卵，照例也可以孵小鸡，但因氧气供应不足，加上双黄蛋不仅体积比正常蛋大出许多，蛋壳也较厚。在啄壳的过程中，小鸡需要时不时地变换身体的姿态以改变啄壳的角度，才能在更短更快的时间内凿穿蛋壳。然而，双黄蛋中的小鸡，在发育完全之后，两只小鸡的躯体几乎占据了蛋中所有的空间，不要说是变换身体的姿态了，就是动上一动都是一件无比艰难的事情，因此小鸡的存活率非常低。

鸭子吃羽毛

生活中，我们常常看见鸭子会"吃"自己的羽毛，但实际上，鸭子并不是在"吃毛"。我们经过仔细地观察就会发现，鸭子"吃毛"是先咬尾部，然后再向全身各处。科学家经过解剖发现，在鸭子的尾部，有一个皮脂腺，它分泌出油脂，鸭子用硬嘴沾上这种油脂向全身涂抹，会起到防水的作用。相反，鸡就没有这种腺体，相应的鸡毛就没有防水的功能，它一落水就成了"落汤鸡"了。当鸭子出现"吃"别的鸭子身上的羽毛时，可能是这只鸭子体内缺钙，需要补充钙质，这时就需要给其饲以鱼骨粉或是贝类的壳等含钙高的食物。

鸭子

老马识途

马有比较发达的嗅觉系统以及听觉器官，而且有很强的记忆力。因为马的脸很长，鼻腔也很大，嗅觉神经细胞也多，这样构成了比其他动物更为发达的"嗅觉雷达"。这个"嗅觉雷达"不仅能鉴别饲料、水质好坏，还能辨别方向，自己寻找道路。通常生活在草原上的马，有的甚至可以感觉到空气中所含有的微量水汽，还能在数里之外找到水的来源。有的老马，居然能在相隔数年后，从数百千米以外回到自己阔别已久的"家乡"。

马

站着睡觉的马

　　马站着睡觉是继承了野马的生活习性。野马生活在一望无际的沙漠草原地区，它不像牛羊可以用角与敌害作斗争，唯一的办法只能是靠奔跑来逃避豺、狼等敌害。而豺、狼等食肉动物都是夜行的，它们白天在隐蔽的灌木草丛或土岩洞穴中休息，夜间出来捕食。野马为了迅速而及时地逃避敌害，在夜间不敢高枕无忧地卧地而睡。即使在白天，它也只好站着打盹，保持高度警惕，以防不测。家马虽然不像野马那样会遇到天敌和人为的伤害，但它们是由野马驯化而来的，因此野马站着睡觉的习性，至今仍被保留了下来。除马之外，驴也有站着睡觉的习性，因为它们祖先的生活环境与野马极为相似。

马用耳朵表达情绪

　　马能用它的耳朵来表达"喜、怒、哀、乐"等情绪。当它平静时，耳朵是笔直竖着的；当它情绪不稳定时，耳朵是前后摆动的；当它紧张时，它会头昂起，耳朵朝两旁斜竖；当它高兴时，耳朵又向背部倾斜；当它疲劳时，耳朵则会向额前或者两侧倒去。

斗牛士斗牛时为什么使用红布?

很多人都会认为斗牛是对红色敏感,看到红的物体就会兴奋,其实这是完全错误的。牛是色盲,用什么布对它来说都是一样的,只不过古时的西班牙人不知道牛是色盲,以为红色最能刺激公牛,于是斗牛时斗牛士都用红色的布。这种方式一直被延续到现在。

其实,牛真正敏感的是布的飘动,而不是布的颜色。牛是个天生就觉得自己很厉害的狂妄动物,没有动物可以在它面前嚣张。牛尤其对飘动的东西有抵触感,认为这是向它挑衅,所以会拼命地向飘动的东西顶去。至于为什么人们要将布做成红色的,其实是人们对红色比较敏感,看到牛顶红色的布更容易让人产生亢奋的感觉,这都是人自己制造的效果。

斗牛图

牛的反刍

牛的反刍是它主要吃草木纤维的结果。牛的胃分为四个胃室，分别为瘤胃、网胃、重瓣胃和皱胃。前两个胃室（瘤胃和网胃）将食物和胆汁混合，特别是使用共生细菌将纤维素分解为葡萄糖。然后食物反刍，经缓慢咀嚼以充分混合，进一步分解纤维，然后再重新吞咽，经过瘤胃到重瓣胃，进行脱水，然后送到皱胃，最后才送入小肠进行吸收。

牛　　　　　　　　　　　　　　猪

猪真的很蠢吗？

猪一向被人们认为是愚蠢的动物，其实不然。经过动物学家的研究发现，猪的智商其实并不比狗差，在很多情况下，猪比狗更聪明，凡是狗所能做的各种技巧，猪都可以做。人们还发现，猪的感情很丰富。它会用不同的吼叫声、咆哮声、呼啸声和扇耳舞尾等动作，表达自己的感情。猪的嗅觉很灵敏，因而有人便让它寻找丢失的东西，或在战场上嗅出地雷。在德国萨克森州，警察局还专门训练了一头野猪，使它成为"警猪"。它不但能找到犯罪分子深埋在粪堆中的毒品和枪支，而且还能用鼻子把它们拱出来。可见，猪并不是像人们所认为的那样蠢。

狗为什么在热天喜欢伸舌头?

　　天热的时候,狗都会把长长的舌头伸出嘴巴外。有些小朋友看见了,觉得很害怕,以为狗要咬人。其实,狗伸着舌头并不是要咬人,而是为了出汗。许多动物和人一样会出汗,特别是在大热天,出汗能降低体温。可是,狗身上的皮肤不会出汗,幸好狗的舌头能出汗,因此它们常常把舌头伸出来,好让身体里多余的热量,从舌头上散发掉。

狗

猫吃鱼会被鱼刺卡到吗？

其实猫也是怕被鱼刺卡到的，只不过猫在吃鱼的时候，舌头上的倒刺会帮助猫把鱼肉舔下来，所以猫一般是不会吃到鱼骨的。即使猫吃到一些软刺的话，也不一定会被卡到嗓子。这和人吃鱼时吃到一些鱼肉中的软刺时也不容易被卡到是一样的。另外，如果注意观察就会发现，如果猫往吃鱼时不幸被鱼刺卡到，它还能把自己胃里的食物吐出来，直到鱼刺被带出来为止。

猫胡子的作用

猫的胡子是猫的一柄活"卡尺"，因为猫的胡子两边顶端之间的距离和猫身体的宽窄是大致相等的。有了这样的"卡尺"，猫就可以判断自己所在的位置、场所，了解自己和老鼠的位置关系，同时还能用胡子测量老鼠的洞口大小，使它能不失时机地捉住老鼠。如果把猫的胡子剃光，猫就变得呆傻，就像盲人走路没有拐棍一样，那就很难捉到老鼠了。

二、植物天地

植物为什么大都有很长的根？

绝大多数植物都是在泥土中生长的，这是因为泥土中含有植物生长所必需的水分和矿物质。植物通过粗粗细细的根，将水和矿物质吸收进来，然后提供给全身各个部位。这时，植物的根很像是它的"嘴"。植物只有足够长的根，才能"喝"到足够自己生长所需要的水和矿物质。在一些比较干旱的地方，在地下很深处才有水。那里的植物，根只有长得特别长，才能伸到很深的土层下去"喝"水。另外，坚实的泥土能使植物把根扎住。这时，长长的根就像植物的"脚"，帮助植物抓牢泥土，顽强地生长。

陆地上最长的植物

在非洲的热带森林里，生长着许多在大树周围缠绕成无数圈圈的白藤。白藤茎干一般很细，有小酒盅口那样粗，有的还要细些。它的顶部长着一束羽毛状的叶，叶面长尖刺。茎的上部直到茎梢又长又结实，也长满又大又尖往下弯的硬刺。它像一根带刺的长鞭，随风摇摆，一碰上大树，就紧紧地攀住树干不放，并很快长出一束又一束的新叶。接着它就顺着树干继续往上爬，而下部的叶子则逐渐脱落。白藤爬上大树顶后，还是一个劲地长，可是已经没有什么可以攀缘的了，于是它那越来越长的茎就往下坠，以大树当作支柱，在大树周围缠绕成无数怪圈圈。一般的白藤从根部到顶部，可达300米，比世界上最高的桉树还长一倍。根据资料记载，白藤长度的最高纪录竟达400米，真是名副其实的陆地上最长的植物。

植物的血型

1983 年，日本的法医山本在破案中，偶然发现荞麦皮中有血型，从而研究了 500 多种植物的果实。结果他发现苹果、萝卜、草莓、山茶南瓜等 60 多种植物是 O 型血，罗汉松等 20 多种植物是 B 型血，而荞麦、金银花、李子、单叶枫等是 AB 型血。不过，至今尚未发现 A 型血。

植物中有"寄生虫"吗？

在茂密的森林里，大多植物都是根往土里长，茎朝天上长，但是有的植物不是长在土里，而是长在其他植物的树枝上，这些植物同样生活得很好，我们称这种现象为"寄生"。寄生植物不能制造营养物质，靠吸收被寄生植物（称为寄主）体内的营养来维持生命。但有的寄生种类能制造营养物质，只从寄主体内吸取水分和无机盐，它们被称为半寄生植物。寄生植物有很多，寄主的种类各不相同。常见的寄生植物有菟丝子、列当、蛇菰、槲寄生、桑寄生等。

植物 "睡眠"

植物也需要 "睡眠"，而且 "睡眠" 是植物保护自己的一种方式。最常见的植物 "睡眠" 的现象体现在叶子上，有些植物娇艳的花朵也有 "睡眠" 的要求，比如蒲公英。在田野或者公园里观察一下就会发现，白天蒲公英的花朵快乐地开放，一到傍晚，白天开放的蒲公英就会一点点地合上，到天全黑了的时候就会完全地合拢，到了第二天早上它又会一点一点地开放。植物 "睡眠" 在热带地区尤其常见，由于白天气温太高，很多花就会选择在白天睡觉晚上开花。牵牛花为了躲避中午强烈的日光，还会选择 "午睡"。花生也是一位爱犯困的 "瞌睡虫"，它的叶子从傍晚开始便慢慢地向上闭合，说明它要 "睡觉" 了，等到早上的时候叶子才会慢慢地展开，表示着它已经 "睡醒" 了。

植物预测地震

科学研究发现，许多植物能预测地震。日本东京女子大学的鸟山教授对合欢树进行了数年的生物电位测定。他用高灵敏的记录仪记录了合欢树的电位变化，掌握和了解到一些有趣的现象。他发现这种植物能感受到火山活动、地震等前兆的刺激，出现明显的电位变化和过强的电流。例如：1978 年的 6 月 6 日至 9 日这 4 天，合欢树电流正常；到 10 日、11 日昼间出现了异常大的电流，6 月 12 日上午 10 时观察到更大的电流后，下午 5 时 14 分就在宫城县海域发生了 7.4 级地震。此后余震持续了 10 多天，电流也随之趋弱。这表明，合欢树能够在地震前两天作出反应，出现异常大的电流。有关专家认为，这是由于它的根系能敏感地捕捉到作为地震前兆的地球物理化学和磁场的变化。

目前，人们期望加强对植物预测地震的研究，以便使人类能多途径地、更准确地预测预报地震，尽可能地减少地震造成的危害。

植物的"感情"

一天，在美国从事测谎检查工作的巴克斯特因在办公室里闲得无聊，一时冲动，把测谎器的电极夹在龙血树（夏威夷产的一种观叶植物）的叶子上，结果龙血树出现了与人感情兴奋时同样的反应。这个事实令巴克斯特大吃一惊，并决定调查植物是否也有感情。

我们知道，如果测谎器指针剧烈地摆动，这意味着被测谎者瞬间感觉到自身危险。巴克斯特在植物中也发现同样的情况。首先，他把龙血树叶子浸泡在热咖啡中，测谎器未显示有大的反应。接着他虽没说话，却在脑子里想："这回烧叶子该怎么样呢？"就在那瞬间，电极的指针剧烈地超程摆动，它的反应比实际烧叶子时还大。此后他不断进行实验，发现植物对同一室内生物的死亡会表现不安，并且会识破人类的谎言等。最终巴克斯特得出"植物也有感情"的结论，并将此称为"巴克斯特效应"。尽管人们对"巴克斯特效应"有种种异议，甚至认为极其荒谬，但他的实验却引起了人们的关注。

植物"发烧"

科学家发现，植物也会"发烧"。有趣的是植物的发烧通常也表明它有病了。譬如，不少农作物的体温只比周围的气温高 $2℃ \sim 4℃$，若是更高，就表明它出了问题了。是什么原因引起植物发烧的呢？科学家仔细观察后发现，植物的病害往往先损害根部，这就影响根对营养的吸收，营养不足会引起发烧。植物因缺水而"渴"得厉害的话，也会发起烧来。实验表明，有病害的植物叶子比正常的植物叶子温度要高 $3℃ \sim 5℃$。通过观测植物的体温，我们就能根据实际情况，该浇水时浇水，该治病时治病，以便让植物能健康地成长。

植物"出汗"

在夏日的早晨，我们会在许多植物的叶子上看到流出的滴滴汗珠，亮晶晶的，犹如光芒四射的珍珠一般。人们都以为会这是露水，其实，这里面固然有露水，但也有植物的汗水。

白天，植物在阳光下进行光合作用，叶面上的气孔张开着，既要进行气体交换，也要不断蒸发出水分。可到晚上，气孔关闭了，而根仍在吸水。这样，植物体内的水分就会过剩，过剩的水从衰老的、失去关闭本领的气孔冒出来，这种现象，植物学上就叫做"吐水"。除此之外，植物还有一种排水腺，叫它"汗腺"也可以。这里也是排放植物体内多余水分的渠道。植物的"汗"一般在夏天的夜晚流出，有时在空气潮湿、没有阳光的白天也会出汗。化验一下就知道，植物的汗水里含有少量的无机盐和其他物质，它与露水是有区别的。植物的吐水量因品种不同而有差异。据观测，芋头的一片幼叶，在适合的条件下一夜可排出 150 滴左右的水，一片老叶更能排出 190 滴左右的水，另外水稻、小麦等的吐水量也较大。

"大力士"种子

　　人的头盖骨结合得非常致密，坚固。生理学家和解剖学家用尽了一切的方法，要把它完整地分开，都没有成功。后来有人想到了一个方法，就是把一些植物的种子放在要剖析的头盖骨里，给予适宜的温度和湿度，使种子发芽。一发芽，这些种子便以可怕的力量，将机械力所不能分开的骨骼，完整地分开了。种子为什么会有这么大的力量呢？原来，种子吸水之后有吸胀作用，这是由于其内缺水蛋白质吸水造成的。当种子开始萌发时，细胞分化分裂，使种子体积增大，从而产生巨大的力量。另外，种子在发芽后破土而出的时候也有惊人的力量，这种力量可以把土壤甚至是岩石顶起来。

破土而出的种子

五颜六色的花儿

花具有各种颜色，这是由于花瓣的细胞液中存在着不同的色素。有一些花的颜色是红的、蓝的或紫的，因为这些花里含有一种叫"花青素"的色素。花青素遇到酸就变红，遇到碱就变蓝。你可以拿一朵喇叭花来做试验，把红色的喇叭花泡在肥皂水里，它很快就变成蓝色，因为肥皂是碱性的。再把这朵蓝色的花泡到醋里，它又重新变成红包，因为醋是酸性的。还有一些花的颜色是黄的、橙黄的、橙红的，是因为它们的花瓣含有一种叫"胡萝卜素"的色素。胡萝卜素有 60 多种，含有胡萝卜素的花也是五颜六色的。那白色的花含有什么色素呢？白色的花什么色素也没有。它看起来是白色的，那是因为花瓣里充满了小气泡的缘故。你拿一朵白花来，用手捏一捏花瓣，把里面的小气泡挤掉，它就成为无色透明的了。

温水浇花好还是凉水浇花好？

一般花卉植物生长的最适温度为 20℃～25℃。如采用 20℃～25℃ 的温水浇水，可加速土壤里有机物的分解，促进根部细胞的吸收，增强根部的输送能力，供给枝、叶充足的养分，促进花卉早发芽、早孕蕾、早开花。这是因为植株的叶、茎平均温度一般高于根部的温度。如果浇冷水，根部温度低，养分分解慢，就会产生营养供不应求的现象，影响花卉生育。特别是在冬季，多数花卉处于休眠或半休眠状态，根系活动大幅度减少，若用冷水浇花，对一些花卉有可能造成伤害。所以，用温水浇花较为稳妥。此外，早春播种或盆栽育苗，用温水喷灌，也能促使早出苗。

艳丽的花常常没有香气而白色或素色的花却常常是香气扑鼻

对于植物来说，开花并不是供人玩赏或是美化环境，它们的目的很单纯，就是为了结果，而色彩和气味都是植物引诱昆虫传播花粉的手段。

色彩艳丽的花就是以颜色来吸引昆虫，出众的花朵在植物丛中比较突出，使昆虫能更容易地发现它们。有些昆虫单凭着颜色就能准确地识别出适合它采蜜的花朵，至于花儿发出什么气味，对它们来说无关紧要或者不起作用。而另一些昆虫由于本身的生理结构对花的颜色"熟视无睹"，但对于花朵散发出来的气味反应则非常灵敏，即使很细微的差别都可以分辨得出来，因此它们仅仅凭着这种灵敏的嗅觉就能准确地追寻到自己想要"拜访"的花朵，至于花是否漂亮它们并不介意。

可见，花儿为了吸引昆虫来为它们授粉，有的用色彩，有的用香气，总之是想尽了一切的办法。

有的花为什么在早上和中午的颜色不一样呢？

花朵的颜色是由花瓣里面的花青素决定的，但是花青素并不稳定，在不同的温度、湿度、酸碱度的情况下会有不同的变化。花在一天之中改变颜色也是由于花青素的变化而导致的。例如：芙蓉花早上开是白色的，中午以后逐渐由粉红变成红色；棉花不但上午和下午会变色，而且同一枝上会同时开着几种不同颜色的花。这都是花里的花青素随着日光照射的强度和温度、湿度的变化而耍的把戏。

芙蓉花

为什么有的植物先长叶子，有的先开花？

　　春天来了，树绿了，花儿开了，为什么迎春花开了可叶子却还没有踪影呢？而且不止是迎春花，玉兰、梅花也是这样，是什么原因促使这些花儿在叶子长出之前就早早地绽放枝头呢？

　　有些植物在当年的秋天就已经长出了花芽、叶芽、枝芽，为来年的开花、长叶等做好了充分的准备，而这些花芽、叶芽、枝芽的生长需要不同的温度。有些植物像桃树叶芽和花芽的生长对温度的要求差不多，因此春天的时候花和叶差不多同时开放；有些先长叶子再开花的植物是因为它们的花芽和叶芽相比需要较高的温度才能开花，所以才会在长出叶子后开花。而玉兰、迎春花这类植物，它们的花芽生长所需要的温度比较低，初春的温度已经满足了它生长的需要，花芽就会逐渐长大开花。但是对叶芽来说，这种气温还是太低，不能满足它的生长需要，因而继续潜伏着没有长大。后来温度逐渐升高，到了满足它生长需要的时候，叶芽才开始慢慢发芽长大。

世界上最大的花

　　大王花是世界上花朵最大的花，直径可达 1.5 米，花瓣厚约 1.4 厘米，这种花有 5 片又大又厚的花瓣，整个花冠呈鲜红色，上面有点点白斑，每片长约 30 厘米，整个花重达 15 千克，因此看上去绚丽而又壮观。大王花的花心像个面盆，可以盛 7～8 千克水，甚至可以藏一个人。

　　大王花生长在马来西亚、印度尼西亚的爪哇和苏门答腊等热带森林中。这种植物不仅花朵巨大，还有个奇特的地方就是，它的花散发臭味，且很像腐烂的尸体发出的臭味。它靠臭味吸引苍蝇等帮它传宗接代。大王花不但臭，而且还"懒"，专靠吸取别的植物的营养来生活，所以它没有叶子，也没有茎。大王花的种子很小，用肉眼几乎难以看清。它的种子传播也有点懒气，小种子带黏性，当动物踩上它时，就会被带到别的地方生根、发芽，进行繁殖。

大王花

植物可以给自己传播花粉吗？

对于叶子植物的花朵来说，只有雄蕊或者只有雌蕊的花称为单性花，两者部有的花则称为双性花，需要借助外界力量传播。通常植物会避免同一朵花授粉，因为植物的近亲繁殖同样会导致种族的退化。一般雄蕊和雌蕊不会同时成熟，雄蕊成熟较早，等到雌蕊成长到可以接受花粉时，同一朵花上的雄蕊的花粉已经消散。这时蜜蜂从别处带来的花粉就会派上用场，而这种时间上的差异也是为了避免近亲繁殖。而有些植物的雄蕊和雌蕊长在同一朵花里，它们也会自己来传粉。这样雄蕊上的花粉成熟后会自动落在同一朵花的雌蕊上面，从而完成传粉任务。这种传粉方式叫白花传粉。如大豆、小麦就是用这种方式传播的。

夜来香的香味为什么在夜晚更浓呢?

　　夜来香的香味在夜间更浓,这是因为夜来香的花瓣与一般白天开花的花瓣构造不一样。夜来香花瓣上散发香味的气孔有个奇怪的毛病,一旦空气的湿度大它就张得大,气孔张得大了,蒸发的芳香油就多。白天虽然有太阳,但是湿度比夜晚要小很多,而夜间虽然没有太阳但是空气却很湿润,所以气孔在晚间就张大,散发出的芳香油也就越多,因此香气也就比白天的时候更浓。

夜来香

"出淤泥而不染"的荷花

　　荷花素有"出淤泥而不染，濯清涟而不妖"的美誉，这是因为，在荷花、荷叶的外表层布满了蜡质，而且有许多乳头状的突起，突起之间充满了空气挡着污泥。当荷花、荷叶抽出来的时候，由于它们表层有蜡质保护着，污泥浊水很难黏附上去，待到挺出水面时自然就是光洁可爱的花叶了。

荷花

雪莲花不畏高寒

雪莲花是一种名贵的中草药，生长在我国终年积雪的西北天山和西藏的墨脱一带。它们不畏严寒，迎风傲雪，生机勃发，人们把它视为坚忍不拔的精神象征。雪莲花在长期与干旱寒冷的冰雪环境的斗争中，练就了一套出色的抗寒本领。它的身高很矮，全身好像贴在地面上生长，能够抵抗高山上的狂风。根粗壮而坚韧，十分发达，能扎根于冰碛陡岩的乱石缝中，可以吸收足够的水分和养料，也不易折断。雪莲全身都有一层厚厚的白色绒毛，就像穿上了一件"毛皮大衣"，既能保温抗寒，又能保湿，阻止体内的水分不会散发太快。此外，它还能对紫外线起反射作用，可以不受高山上强烈的太阳辐射的伤害。这些特点，保证了雪莲能够在寒冷荒凉的高山上生长、发育和繁殖后代，使它能够成为植物世界中第一位傲冰斗雪的"英雄"。

雪莲花

昙花为什么在晚上开花，而且开花时间非常短呢？

　　人们常常用"昙花一现"来形容出现时间很短的事物，那么为什么昙花开花时间会这么短呢？昙花原产于中南美洲的热带沙漠地区，那里的气候特别干燥。白天气温非常高，娇嫩的昙花只有在晚上开放才能避免白天强烈阳光的烤灼。而昙花又属于虫媒花，沙漠地区晚上八九点钟正是昆虫活动频繁之时，所以，此时开花最有利于授粉。午夜以后，沙漠地区气温又过低，不利于昆虫的活动，就不利于昙花的授粉。昙花开花时间短可以减少水分的丧失。因此，昙花在漫长的进化过程中逐渐形成了这种特殊的开花习性。

昙花

"花中高士" 君子兰

　　君子兰属石蒜科，是多年生草本植物。石蒜科植物通常有球形鳞茎，二三月开花，花多为橙红或大红色，伞形花序，开在叶丛中抽出的花茎顶端，十几朵漏斗形的大花簇拥在一起，蔚为壮观，经久不谢。

　　君子兰原产南非，1854年自欧洲引种到日本，得到这个汉字名称。君子兰一季观花，四季观叶，花叶皆高贵大方，因此说它是"花中高士"，可谓名副其实。

君子兰

"花中君子" 兰花

兰花常生在幽谷深涧，且幽香袭人，如山中隐士一般，所以一直以来有"花中君子"之誉。我们常见的兰花，也称"春兰"、"山兰"、"草兰"、"朵朵香"，属兰科。兰花的根簇生，肉质，圆柱形。叶线形，很柔韧，有平行的条纹。花没有花萼、花瓣的区别，萼片与花瓣总称花被，花开在由叶丛中抽出的花茎顶端，形状纤巧，清香四溢。

兰花在中华民族花卉文化中占有重要地位，培植兰花、欣赏兰花、描绘兰花是中国人的传统爱好，清人郑板桥就是画兰、咏兰的高手。

兰花

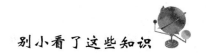

棉花是花吗?

　　棉花虽然叫花,但它其实不是花儿,它是果实(棉籽)外边的绒毛。棉花的花儿与普通的花儿差不多,是粉色的。花儿谢了,才长出棉桃,到秋天,棉桃干裂开来,露出里边的雪白的籽棉。采摘棉花时,把棉籽摘回来,这时的棉花叫做籽棉。棉花长在棉籽上,把花从棉籽上拽下来,这时的棉花叫做皮棉。

棉花

牵牛花为什么常在早晨开放?

牵牛花,又名"喇叭花",为旋花科。牵牛花属一年生的攀缘花卉,茎长可达2~3米,叶子呈卵状心形,互生,常呈三裂状。花冠呈喇叭形,花色有粉红、蓝紫、白及复色多种。牵牛花一般都是在早晨开花,这是因为清晨阳光不强烈,牵牛花体内的水分充足,鲜艳的牵牛花就绽放了。可是,它的花冠大而薄,在受到阳光照射时,水分蒸发得快,根又来不及吸收水分,所以为了躲避强烈的阳光,它常常在中午以后就闭合了。

牵牛花

月季花和玫瑰花的区别

　　月季、玫瑰是同属蔷薇科蔷薇属的姊妹花，因此，它们的形态十分相似，很容易使人混淆。它们的区别在于：月季的新枝是紫红色，玫瑰的茎密布着绒毛和如针状的细硬刺且茎呈黑色；月季的小叶一般为 3～5 片，叶片平展光滑，玫瑰小叶为 5～9 片，但叶片下面发皱，叶背发白有小刺，整个叶片也较厚且叶脉凹陷；月季一般为单花顶生，也有数朵簇生的，一般为 1～3 朵，花径约 5 厘米以上，花柄长而且月月季季开花不败，故又被称为月月红、月季花、长春花；玫瑰花单生或 1～3 朵簇生，花柄短，只在夏季开一次花，但玫瑰花的香气要比月季浓郁很多。

月季花

玫瑰花

树木的年轮线间距为什么大小不一？

如果我们仔细观察就会发现，树木的年轮线间距是大小不一的。树木的年轮记录的是树木每年的生长情况，如果其中某一年阳光、雨水充沛，树木的生长较快，那么它在今年形成的年轮与上一年年轮的间距就大，而如果某一年阳光和雨水不是很充足，那么树木的生长就会较慢，于是年轮间距就小，所以通过树木的年轮我们不仅可以知道树的年龄，也可以大致分析出某一年的气候条件。

年轮线

树皮的形成

树皮其实就相当于我们人类的皮肤，对树木起到保护的作用，保护植物不受病虫灾害的损伤，也可以避免气候气温变化的影响。对人类来说，有些树木的皮还有很高的商业医疗价值。其实树皮外面的细胞都是死的，只要仔细观察我们就会发现树皮都是防水的。这是因为树木的嫩枝随着时间的推移，渐渐地长出了木质部，随着木质部的分裂，细胞一层层地往外加厚，树枝也慢慢地变粗。最外层的细胞开始分裂产生一种"木栓"细胞，这种细胞里面有一种不透水的物质，它们变得硬了厚了，就形成了树皮。

为什么说"树怕剥皮"？

各种各样的植物都有一层皮。有的坚厚，有的嫩薄，有的粗糙，有的光滑。树皮的作用除了能防寒、防暑、防止病虫害之外，更重要的是运送养料。在植物的皮里有一层叫做韧皮部的组织，韧皮部里排列着一条条的管道，叶子通过光合作用制造的养料，就是通过它运送到根部和其他器官中去的。有些树木中间已经空心，可是仍有勃勃生机，就是因为边缘的韧皮部存在，能够输送养料的缘故。如果韧皮部受损，树皮被大面积剥掉，新的韧皮部来不及长出，树根就会由于得不到有机养分而死亡。俗话说的"人怕伤心，树怕剥皮"，就是这个道理。

比钢铁还硬的树

比钢铁还硬的树叫铁桦树。子弹打在这种木头上，就像打在厚钢板上一样，纹丝不动。铁桦树的木坚硬，比橡树硬3倍，比普通的钢硬1倍，是世界上最硬的木材，人们把它用作金属的代用品。苏联曾经用铁桦树制造滚球、轴承，用在快艇上。这种珍贵的树木，高约20米，树干直径约70厘米，寿命约300～350年。树皮呈暗红色或接近黑色，上面密布着白色斑点。树叶是椭圆形。它的产区不广，主要分布在朝鲜南部和朝鲜与中国接壤地区，苏联南部海滨一带也有一些。

指南针植物

美国有一种莴苣植物，它的叶面总是和地面垂直，而且无一例外朝着南北方向，因此人们把它称作"指南针植物"。指南针植物的叶子为什么会有这种独特的习性呢？

植物学家发现，叶片指南与阳光密切相关。叶片指南特性对植物生长有利。中午阳光强烈，垂直叶片的受光面积极小，能减少水分蒸腾；而清晨和傍晚，叶片有可以在耗水少的情况下进行较多的光合作用。这样，指南针植物能在干旱的环境条件下，较好的生长。

会 "预报气象" 的雨蕉树

在美洲的多米尼加，流传这样的一句话："要想知道天下不下雨，先看雨蕉哭不哭"。这种"雨蕉"是当地生长的一种树。因为能准确预报出天气晴雨，所以多米尼加人都要在自家门前栽种上几棵，外出以前看一看，好掌握天气情况。

雨蕉树是怎样预报天气的呢？原来，雨蕉的叶片和茎干的表皮组织十分细密，全身好像披上了一层防雨布。天下雨以前，空气的温度很大，雨蕉树体内的水分很难靠平日的蒸腾作用散发出去，于是便从叶片上溢泌出来，形成水滴，不断地流下来。这就是人们看到以后所说的雨蕉树在"哭泣"了。因为看到雨蕉树哭泣以后，天都要下雨，所以，人们便把雨蕉树"流泪"当做要下雨的征兆。

竹子为么不会增粗？

竹子的茎一出土面，就不再长粗了。年龄再大，也只能长这么粗。这是什么原因呢？

因为竹子是单子叶植物，而一般树木大多是双子叶植物。单子叶植物的茎没有形成层。如果把双子叶植物的茎切成很薄的薄片，放在显微镜下面观察可以看到一个一个维管束，维管束的外层是韧皮部，内层是木质部，在韧皮部与木质部之间夹着一层薄薄的形成层。它每年都会进行细胞分裂，产生新的韧皮部和木质部，于是茎才一年一年粗起来。

如果把单子叶植物的茎横切成薄片放在显微镜下面观察，也可以看到一个一个地维管束，维管束的外层同样是韧层部，内层是木质部，但是韧皮部与木质部之间还没有形成层。所以单子叶植物的茎只有在开始长出来的时候能够长粗，到一定程度后就不会长了。除了竹子之外，小麦、水稻、高粱、玉米等等都是单子叶植物，所以它们的茎到一定程度后就不再长粗了。

不怕火烧的"英雄树"落叶松

落叶松是一种不怕火烧的树种,它们能够"劫后独生",是因为落叶松挺拔的树干外面包裹着一层几乎不含树脂的粗皮。这层厚厚的树皮很难被烧透,大火只能把它的表皮烤煳,而里面的组织却不会被破坏。即使树干被烧伤了,它也能分泌出一种棕色透明的树脂,将身上的伤口涂满涂严,随后凝固,使那些趁火打劫的真菌、病毒及害虫无隙可入。因此,落叶松就成了熊熊林火中令人瞩目的"英雄树"。

奠柏"吃人"

世界上能吃动物的植物,约500多种,但绝大多数只能吃些细小的昆虫。可是,生长在印度尼西亚爪哇岛上的一种树,名叫奠柏,它居然能把人吃掉。这种树长着许多柔软的枝条,如果人不小心,触动了树,那些枝条马上就像蛇一样把人卷住,而且越卷越紧,人就脱不了身。这时树上很快就会分泌一种液汁,人黏着了就慢慢被"消化"掉。当地人已掌握了它的"脾气",只要先用鱼去喂它。等它吃饱后,懒得动了,就赶快去采集它的树汁。因为这树液是制药的宝贵原料。

终年长绿的松树、柏树

冬天那么冷，树木是怎样度过冬天的？树木为了适应周围环境的变化，每年都用"沉睡"来对付冬季的严寒。而松树、柏树这类树则是终年常绿，即使在冬天的时候它们还在顽强地生长，这是因为它们生活的环境多是严寒的高山或是寒冷的北方，早已经习惯了冬天的冷酷。松树、柏树的叶子大都是针状，就是为了减少水分的蒸发，而且它们的叶子表层有一层蜡质物质，这也是为了尽可能避免水分的流失。另外，它们终年常绿的叶子也是为了多吸收阳光制造有机物，以支持自己的生长发育。

冬天路边的树干上为什么要刷上一截白色的东西？

一到冬天，人们就会在路边的树干上刷上一层白色的东西。那么这种白色的东西到底是什么？有什么用呢？把树干下部刷白的东西，叫做刷白剂。它的主要成分是石灰乳、食盐、大豆粉、石硫合剂。冬季要给树木涂刷白剂，一方面是预防寒害、冻害，另一方面则是要预防病虫害。

植物刷白为什么能够预防寒害、冻害和病虫害呢？在天气寒冷的冬季，当白天有太阳出来的时候，植物晒太阳并不像人们晒太阳那般舒服。我们晒完太阳后，在没有太阳的晚上可以躲进被窝里，但是植物无论多冷，都是在原来的地方。这样，白天热，晚上冷，而且冷热差异很多，对树木生长极为不利。植物经过刷白，可以反射白天的太阳光以及各种光辐射，及时避免植物体内温度过高，从而减弱了白天与晚上的温差，避免植物受到突然变温的伤害。而且刷白剂具有隔热效果，仿佛我们的手和脸涂防冻霜以及护肤霜。此外，秋后初冬，许多昆虫喜欢在老树皮的裂缝中产卵过冬。而刷白剂中的一些成分对许多害虫有杀灭作用。

树干为什么都是圆的？

　　树干都是圆柱形，这对树的生长有很多好处。一是因为圆柱形有最大的支持力，树木高大的树冠的重量全靠一根主干支撑，特别是硕果累累的果树，挂上成百上千的果实，须有强有力的树干支撑，才能维持生存；二是圆柱形的树干能有效地防止外来的伤害。我们知道，树木的皮层是树木输送营养物质的通道，皮层一旦中断，树木就会死亡。树木是多年生的植物，它的一生难免要遭受很多外来的伤害，特别是自然灾害的袭击。如果树干是方形、扁形或有其他棱角的，更容易受到外界的冲击伤害。圆形的树干就不同了，狂风吹打时，不论风卷着尘砂杂物从哪个方向来，都容易沿着圆面的切线方向掠过，受影响的只是极少部分。所以树干的形状，也是树木对自然环境适应的结果。

银杏

"活化石"银杏

银杏，是一种有特殊风格的树，叶子夏绿秋黄，像一把把打开的折扇，形状别致美观。两亿年以前，地球上的欧亚大陆到处都生长着银杏类植物，是全球中最古老的树种。后来在200多万年前，第四纪冰川出现，大部分地区的银杏毁于一旦，残留的遗体成为印在石头里的植物化石。在这场大灾难中，只有在我国还保存了一部分活的银杏树，绵延至今，成了研究古代银杏的活教材。所以，人们把它称为"活化石"。

纺锤树为什么能提供"自来水"？

纺锤树生长在南美的巴西高原，因树形酷似纺锤而得名。它一般高30米左右，腰围却有15～16米，由中腰向两头逐渐变细变尖远远望去，仿佛一个个大纺锤插在地里。巴西高原雨季短而旱季较长，纺锤树适应这样的生活环境，其根系特别发达，雨季一到，它的根就拼命吸收水分，贮存在大纺锤里。据说，一棵大树可以贮水两吨多。同时，纺锤树顶上开始滋生稀疏的枝条，长出心形的叶片。旱季来临，绿叶凋零，枝头绽出朵朵红花，纺锤树又成了插着花束的大花瓶，所以当地人又称它做"花瓶树"。纺锤树和仙人掌一样，是沙漠上旅行者的甘泉。人们口渴时，在树上挖个小孔，就可以饮到清凉的"自来水"。

纺锤树

猴面包树

在非洲干旱的热带草原上，生长着一种形状奇特的大树，它的名字叫波巴布树。由于猴子和阿拉伯狗面狒狒都喜欢吃它的果实，所以人们称它为"猴面包树"。它树冠巨大，树杈千奇百怪，酷似树根，远看就像是一棵树摔了个"倒栽葱"。它树干很粗，最粗的直径可达 12 米，要 40 个人手拉手才能围它一圈，但它个头又不高，只有 10 多米。在沙漠旅行，如果口渴，不必动用"储备"，只需用小刀在随处可见的猴面包树的肚子上挖一个洞，清泉便喷涌而出，这时就可以拿着缸子接水畅饮一番了。这是为什么呢？原来，猴面包树树干虽然都很粗，木质却非常疏松，可谓外强中干、表硬里软，因此这种木质最利于储水。每当旱季来临，为了减少水分蒸发，它会迅速脱光身上所有的叶子。一旦雨季来临，它就利用自己粗大的身躯和松软的木质代替根系，如同海绵一样大量吸收并贮存水分，待到干旱季节慢慢享用。据说，它能贮几千千克甚至更多的水，简直可以称为荒原的"贮水塔"了。

猴面包树

"软黄金" 可可树

可可是梧桐科常绿乔木，高12米左右。叶长20～30厘米，呈长椭圆形。花簇生在树干或支条上，开白色或淡黄色小花。果实呈椭圆形，成熟时像橄榄球那样挂在茎干上。可可树的种子营养丰富，含有很多蛋白质、脂肪、淀粉和少量可可碱，可磨成粉。可可粉味又香又略苦，有特殊风味，与茶和咖啡并称三大不含酒精的饮料。可可粉又是制作巧克力的原料，可可果肉可制饲料，其种子还能榨油，价值都很高，所以被人们称之为"软黄金"。

可可树

割胶为什么要在半夜或凌晨进行?

　　橡胶工人头戴有灯的帽子，天没亮便在胶林里辛苦割胶。为什么他们要在半夜或凌晨起来割胶呢？原来，橡胶树有一个排胶的最恰当时间。一般来讲，就是凌晨的 5 点钟左右，这个时候橡胶树的橡胶排量比较大，加上由于清晨是一天中温度最低和湿度最大的时间，因此在这个时候割胶，橡胶树排胶就不容易有障碍，从而使采胶工作比较顺利。正是由于橡胶排胶的这个特点，决定了橡胶工人干活必须在半夜或凌晨进行。

橡胶树

胡杨树为什么能在荒漠中生存?

　　胡杨虽然生长在极旱荒漠区,但骨子里却充满对水的渴望。为适应干旱环境,它做了许多改变,例如叶革质化、枝上长毛,甚至幼树叶如柳叶,以减少水分的蒸发,因而有"异叶杨"之名。然而,作为一棵大树,还是需要足够的水分才能维持生存。那么,它需要的水从哪里来呢?原来,胡杨属于跟着水走的植物,沙漠河流流向哪里,它就跟随到哪里。沙漠河流的变迁相当频繁,于是,胡杨在沙漠中处处留下了曾驻足的痕迹。靠着根系的保障,只要地下水位不低于4米,它依然能生活得很自在;在地下水位跌到6~9米后,它只能强展欢颜、萎靡不振了;地下水位再低下去,它就只能辞别尘世。所以,在沙漠中只要看到成列的或鲜或干的胡杨,就能判断这里曾经有水流过。正因为如此,有人将胡杨称为"不负责任的母亲",它随处留下子孙,却不顾它们的死活。其实,这也是一种对环境制约的无奈。

胡杨树

箭毒木"见血封喉"

　　箭毒木又称箭毒树。它是一种高大常绿乔木，一般高 25～30 米。这种树的树汁可作箭毒，涂在箭头上可射死野兽。在箭毒木的树皮、枝条、叶子中有一种白色的乳汁，毒性很大。这种毒汁如果进入眼睛，眼睛顿时失明。它的树枝燃烧时放出的烟气，熏入眼中，也会造成失明。用这种树汁制成的毒箭射中野兽，3 秒钟之内能使野兽血液迅速凝固，心脏停止跳动而死亡。如果人碰上了这种毒箭，也会死亡。由于它的毒性大、发作快，所以被称为"见血封喉"树。

箭毒树

"世界油王" 油棕

　　油棕的形态很像椰子，因此又名"油椰子"，它的故乡在西部非洲。100多年前，它一直默默无闻地生长在热带雨林中。直到本世纪初，才被人们发现和重视，如今已是世界"绿色油库"中的一颗明星，成了名副其实的"摇钱树"。

　　油棕属棕榈科，常绿直立乔木，高达 10 米，树径 30 厘米。油棕的果实成卵形或倒卵形，每个大穗结果 1 千～3 千个，聚合成球状。最大的果实重达 20 千克，果肉、果仁在 15 千克以上，含油率在 60% 左右。油棕是世界上单位面积产量最高的一种木本油料植物。一般亩产棕油 200 千克左右，比花生产油量高五六倍，是大豆产油量的近 10 倍，因此有"世界油王"之称。从油棕果实榨出的油叫做棕油，由棕仁榨出的油称为棕仁油，都是优质的食用油。

油棕树

松树为什么能产生松脂？

演奏二胡时，把松香（也就是松脂）抹在琴弦上，就会改善乐器的声响，印刷用的油墨也都掺有松节油。松脂还可作为重要的原料，用于化工产品之中。松树里为什么含有这种东西呢？

松树的根、茎和叶子里面，密布着许多细小的管道，这是松树的细胞间隙。这些管道衔接起来，构成了一个纵横交错、贯通整个树身的完整的管道系统，植物学家称之为树脂道。树脂道是由一层特殊的分泌细胞围合起来的。分泌细胞在松树的生理代谢过程中分泌松脂，并输送到管道里贮藏起来，这种工作从松树一发芽就开始了，并不停地进行着。当松树受到伤害的时候，松脂就从管道里流出，把伤口封闭起来。松脂中有些物质还能挥发到空气中，杀死有害病菌。因此有人认为，松树产生松脂实际上是它的一种自我保护功能。

榕树为什么能"独木成林"？

　　榕树属于常绿阔叶乔木，它一般生长在高温多雨和空气湿度较大的地方。在我国主要分布在热带和亚热带地区，经常见于低海拔的热带林、沿海海岸及三角洲等低湿地区。榕树寿命很长，生长也快，侧枝和侧根非常发达。在它的主干和枝条上有许多气孔，许多气生根从里面长出来，向下悬挂着，像一把把胡子，这些气生根在向下生长入土后逐渐增粗，然后成为支柱根，这些支柱根不分枝不长叶。榕树气生根和其他根系都一样，具有这种吸收水分和养料的功能，同时也可以支撑着不断往外扩展的叶，使这些树冠不断扩大。据资料表明，一棵巨大的老榕树的支柱根可达到 1000 多条。在广东省新会县环城乡里有一棵生长在河滩旁的大榕树，它的树冠覆盖面高达 6000 多平方米，而且树冠下有上千条支柱根，就像一片茂密的"森林"，真是名副其实的"独木成林"。

榕树

会"流血"的树

一般的树木，在损伤之后，流出的树液是无色透明的，但是有些树木却能流出"血"来。

我国广东、台湾一带，生长着一种多年生藤本植物，叫做麒麟血藤。它通常像蛇一样缠绕在其他树木上。它的茎可以长达 10 余米。如果把它砍断或切开一个口子，就会有像"血"一样的树脂流出来，干后凝结成血块状的东西。其实，这种树脂不是血，而是一种很珍贵的中药，称之为"血竭"或"麒麟竭"。经分析，血竭中含有鞣质、还原性糖和树脂类的物质，可治疗筋骨疼痛，并有散气、去痛、祛风、通经活血之效。

另外，在我国西双版纳的热带雨林中还生长着一种很普遍的树，叫龙血树，当它受伤之后，也会流出一种紫红色的树脂，把受伤部分染红，这块被染的坏死木，在中药里也称为"血竭"或"麒瞵竭"，与麒麟血藤所产的"血竭"具有同样的功效。

在我国云南和广东等地还有一种称作胭脂树的树木。如果把它的树枝折断或切开，也会流出像"血"一样的液汁。而且，其种子有鲜红色的肉质外皮，可做红色染料，所以又称红木。

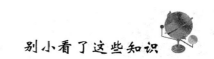

会"走"的植物

在美国东部和西部地区有一种名叫苏醒树的植物,这种植物在水分充足的地方能够安心生长,非常茂盛,一旦干旱缺水时,它的树根就会从土中"抽"出来,卷成一个球体,一起风便把它吹走,只要吹到有水的地方,苏醒树就将卷曲的树根伸展并插入土中,开始新的生活。

另外,在南美洲秘鲁的沙漠地区,也生长着一种会"走"的植物——步行仙人掌。这种仙人掌的根是由一些带刺的嫩枝构成的,它能够靠着风的吹动,向前移动很大的一段路程。根据植物学家的研究,"步行仙人掌"不是从土壤里吸取营养,而是从空气中吸取的。

"醉人"的植物

在坦桑尼亚的山野中,生长着一种木菊花,又称"醉花"。其花瓣味道香甜,无论是动物或者是人,只要一闻到它的味道,立即就会变得昏昏沉沉。如果是摘一片尝尝,用不了多久,便会晕倒在地。

在埃塞俄比亚的支利维那山区,生长着一种叫"醉人草",它会散发出一种清郁的香味。每当人们闻这种香味时,便会像喝醉了酒一样,走路跟跟跄跄,东倒西歪。如果在它的旁边呆上几分钟,就会醉得连路都走不成。

玛努拉树是生长在南非的一种树,可以酿酒,是种"醉树"。非洲大象最喜欢吃这种果实。每当大象暴食了这种果子后,再喝进一些水,便会大发酒疯——有的狂奔不已,上蹿下跳,撞倒或拔倒大树,更多的是东倒西歪,呼呼大睡,一般要两三天后才能醒过来。

到底是谁"染枫林醉"?

天气舒适宜人的秋天到来了，在这渐浓的秋意渲染、熏陶之中，一些植物的叶子由绿变黄，由黄变红，把秋天打扮得五颜六色，色彩斑斓。那么到底是谁"染枫林醉"呢？枫树、黄栌、火炬等树的叶子中除了含有叶绿素、叶黄素、胡萝卜素外，还含有一种其他植物少有的花青素这种特殊的物质。大家知道秋天到来之后，随着气温的降低、空气湿度的减少、光照的减弱，植物中的叶绿素、叶黄素、胡萝卜素的含量逐渐减少，而花青素却"如鱼得水"迅猛增多；再者是花青素具有遇酸变红，遇碱"面不改色"的特性。据测定，枫树等少数植物，叶子中的细胞液是酸性的，故而随着秋天的降临、花青素的增多使叶子由绿逐渐变红。由此看来，枫叶等少数植物的叶子秋天变红的内因是花青素与酸性油液发生化学反应，外因则是入秋后天气转寒，促进了花青素大量增多，所以枫叶变红是气象条件发生变化造成的。

枫林

三、生活百科

在无风的时候，高处落下的纸片
为什么也是曲折下落？

由于纸片各部分凸凹不同，形状各异，因而在下落过程中，其表面各处的气流速度不同，致使纸片上各处受空气作用力不均匀，且随纸片运动情况的变化而变化，所以纸片不断翻滚，曲折下落。

海市蜃楼的形成

海市蜃楼是在特殊的气象条件下，光线在大气中发生剧烈的反常折射而形成的。光的折射是指在不同的空气密度情况下，光线的速度发生改变和前进方向发生曲折的现象。当你用一根直杆斜插水中时，从侧面看好像折断一样，这就是光线折射造成的。

在夏季，白昼海温较低，下层空气受水温影响，较上层空气为冷，出现上暖下冷的逆温现象，下层空气的密度就显得特别大，而上层空气密度则显得特别小。当远方的景物发出的光线由密的气层逐渐折射进入稀的气层时，并在上层发生全反射，又折回到下层密度大的空气中来。经过这种弯曲的路线，投入到观察者的眼中，就会出现海市蜃楼的现象。由于人的视觉总是感到物象来自直线方向，因此我们所看到的映象比实物抬高了许多。

物体的重量会随地点的不同而变化吗?

我们把物体放在不同的地点,它的重量就会发生变化。这是为什么呢?原来,一个物体的重量,就相当于物体所受的重力,它是由地球对物体的吸引力而造成的。但是因为地球不停地转着,就会产生一种自转离心力,所以物体所受重力的大小刚好等于地心引力及自转离心力的合力。由于地球是个稍扁的椭圆球体,越接近赤道,地面与地心的距离越远,地心引力也就小一点。因此,物体的实际重力,应当是地心引力减去自转离心力在垂直方向的分量。所以同一个物体,从地球中纬度到赤道附近,它的重量会慢慢减小,而不是一成不变。

影子都是黑色的吗?

除了黑色和白色,所有颜色的形成都是因为有相应波长的光线反射进我们的眼睛里。白色光是一种混合光,而不是单色光。世界上并不存在黑色光。黑色的形成是因为基材吸收了全部的照入光线,没有反射光的缘故。因此,影子的颜色,取决于影子所在的基材底色和反光强度。如果遮挡物体并没有挡住全部光线,并且影子所在基材把一定量的光线反射进了我们的眼睛里,那么我们看到的影子就是基材的颜色。如果基材把光线全部吸收了,那么影子自然就是黑色的。

热气球为什么能飞起来?

　　热气球的原理与孔明灯的原理是相同的,都是利用热空气的浮力使球体升空。为什么热空气会飘浮呢?当物体与空气同体积,而重量或者密度比空气小时就可以飞起来了,这和水的浮力的道理是相同的。将热气球内的空气加热,球内一部分空气会因空气受热膨胀而从球体流出,使热气球内部的空气密度比外部的空气密度小,因此充满热空气的热气球就会飞起来了。

热气球

晴天的时候树荫下为什么会有许多椭圆形的光斑？

　　这是由小孔成像的原理所造成的。当光线通过这些小孔时，来自物体上部的光线和下部的光线就会在小孔里交叉起来，然后颠倒着继续向前传播，所以小孔后面所成的物像总是倒置的。并且，离小孔越远，所成的像就越大，无论小孔是什么形状，效果都是一样。在大树浓阴下，由于树叶之间的空隙与地面有一定的距离，所以地上的光斑总是比树叶之间的空隙大得多。又因为太阳光是倾斜着射向地面，所以地面上的光斑就成了椭圆形的了。

峨眉山佛光的形成

　　峨眉山佛光，是峨眉山四大奇景之一。峨眉佛光的形成需要一定的条件：第一是需要有斜射的阳光，一般是太阳升起到上午 9 时，或者下午 3 时以后；第二是在金顶峰的前后有云海和雾气。当倾斜的阳光照过云滴或雾粒时，在云海上会映出太阳的实像，经过反射衍射分光就形成了一个巨大的彩色光环。佛光就是因为这产生的。而随着阳光照射的强度变化，佛光的形状和颜色也可能会产生变化。当阳光强烈时，会出现非常大的七彩光环；当阳光较微弱时，则只会映出几道彩环，而且层次模糊不清。这些光环的大小同云滴、雾粒的大小有关。当云滴、雾粒越小时，光环就大；反之，云滴、雾粒大时，光环就小。

峨眉山佛光

小纸片为什么会 "跳舞"?

　　我们如果在听录音机播放音乐时，把一张放有几个彩色小碎纸片的白纸摆放在录音机的音箱上，就会发现一个有趣的现象：放在音箱上的小碎纸片竟然。"跳起舞"了！而且，"跳舞"的节奏还随着录音机的音量大小变化而改变呢！这到底是为什么呢？小碎纸片之所以会"跳舞"，是因为音箱在播放音乐的时候，会带动周围的空气振荡，释放出一种叫"声波"的东西。它看不见，摸不着，但能引起事物的振动，就是它使得纸振动，以带动碎纸片跳舞的。人类的耳朵之所以能听见声音，也是由于声波振动我们的耳膜产生的。

噪音可以除草、施肥、诊病吗?

噪声一向为人们所厌恶。但是,随着现代科学技术的发展,人们也能利用噪声造福人类。

科学家发现,不同的植物对不同的噪声敏感程度不一样。根据这个道理,人们制造出噪声除草器。这种噪声除草器发出的噪声能使杂草的种子提前萌发,这样就可以在作物生长之前用药物除掉杂草,用"欲擒故纵"的妙策,保证作物的顺利生长。

某些农作物在受到噪声刺激时,其根、茎、叶表面的小孔会扩展到最大限度,因而容易吸收肥料。在 100 分贝的尖锐汽笛声中施肥或喷洒营养液,能使西红柿的果实增大 1/3 左右。

最近,科学家制成一种激光听力诊断装置,它由光源、噪声发生器和电脑测试器三部分组成。使用时,它先由微型噪声发生器产生微弱短促的噪声,振动耳膜,然后微型电脑就会根据回声,把耳膜功能的数据显示出来,供医生诊断。它测试迅速,不会损伤耳膜,没有痛感,特别适合儿童使用。此外,还可以用噪声测温法来探测人体的病症。人体某部位发病时温度会发生变化,该处的分子、原子热波动发出的噪声也会变化。医生借助专门的声学仪器,就能准确地诊断出病症的确切部位。

指南针指南的原理

指南针是一个磁针，而地球本身是一个巨大的磁体，它的南极和北极位于地球的两端。根据同名磁极互相排斥，异名磁极互相吸引的规律，指南针的北极与地磁的南极互相吸引，指南针的南极和地磁的北极互相吸引。所以，当指南针静止时，它的北极总是指向地球的北端，南极指向地球的南端。另外，由于因为地磁南极和地球南极不重合，磁北极与地球北极不重合，所以许多地域指南针指示的方向有一些偏差，也就是指南针和地球经线并不平行，而是有一个夹角，这个由磁针与经线所形成的夹角就叫做磁偏角。

司南

信号灯为什么一般都选择红黄绿三种颜色？

　　我国和世界各国的铁路、航运和城市交通，几乎都规定红色为停止信号，黄色为注意减速信号，绿色为通过信号。那么为什么要选择它们呢？我们在雨后斜阳时常看到弧形的彩虹，它由外圈至内圈呈红、橙、黄、绿、青、蓝、紫七种颜色，就是可见光谱。任何光谱都是一种电磁波，并以一定的波长在空间传播，光的辐射能量越大，在空气中传播的距离就越远。经测定：红色光的波长居第一，达6100埃（表示光的波长的单位）以上；黄色光第二，为5700～5900埃；绿色光第三，为5000～5700埃。由此可见，红黄绿显示距离最远，所以常常被选作信号灯的颜色。

电话为什么能传递人的声音?

电话机尽管有无线电话机、有线电话机及无绳电话机等各不同种类,可是它们却有一个共同点:话机上全都有送话器、受话器、按键或拨号盘以及相应的电路。当我们打电话时,发话人对着送话器讲话,人的声带会上下振动,从而激起空气也产生振动,声波形成。声波主要作用于送话器上,从而使送话器电路内产生相应的电流变动,产生相应的话流;话流会沿电话线路传送,最终到达对方受话器,对方的受话器接收到话流后,然后把话流转变成声振动,也就叫声波。声波传播到空气中,直接作用于接听电话人的耳膜上,这样就听到发话人的讲话声了。众所周知,每个电话机上都有自己的送话器及受话器,所以我们通过电话机就既能发话又能受话了,于是我们的声音就能够传送到远方亲人的耳朵里了。

电话机

有的国际长途电话为什么会有回声？

普通电话的声音是通过电波来传递，电波具有光度，1 秒能够绕地球 7 圈半，回声现象形成得很快，人们感觉不出来。但是打国际长途电话经常能听到回声，这是为什么呢？由于长途电话的传输方式有各种各样，有的通过有线线路传输，有的通过微波接力线路传输，还有的是通过太空中的通信卫星传输。使用有线线路或者微波接力线路进行长途电话通信时，因为线路距离相当近，电话信号往返的时间相当短，人们就感觉不到回声的干扰。可是打卫星电话就不同了。同步通信卫星是离地面约 3.6 万千米的高空上，在同一颗同步通信卫星下，甲和乙两人在两地用卫星打电话时，电话信号可以从甲端的卫星地面站经卫星转发到乙端，然后再返回到甲端卫星地面站，这样会经过二上二下的行程，达 14.4 万千米。若按电波传播的速度 30 万千米/秒计算，时间大约需要 0.54 秒，尽管不到一秒钟，可不能小看这一点时间，人们曾做过实验，当回声延时超过 50 毫秒后，人耳才能察觉，延时越长，干扰越重。540 毫秒的延迟一定会严重干扰回声，从而使电话里的声音听起来不正常。为消除卫星电话的回声现象，许多专家经过深入研究，研制出了回声抑制器以及回声抵消器等设备，回声的干扰现象大大减少了。

自己听自己的录音为什么总觉得不太像呢，而别人听起来却都认为像呢？

我们平时听到的声音，可以通过两条不同途径传入耳内。一条途径是通过空气，将声波的振动经过外耳、中耳一直传到内耳，最后被听觉神经感知。别人听你的话，你自己（还有别人）听从录音机放出的自己的录音，都是通过空气途径传入耳内的。对别人来说，直接听你讲话，或是听你的录音，由于都是听从空气里传来的声音，所以效果一样，即这两种声音是很像的。另一条途径是通过骨头传播声音，这种方式叫"骨导"。我们平时听自己讲话，主要是靠骨导这种方式。从声带发出的振动经过牙齿、牙床、上下颌骨等骨头，传入我们的内耳。由于空气和骨头是两种不同的传声媒质，它们在传播同一声源发出的声音时，会产生不同的效果，因此，我们听上去就感到通过不同途径传来的声音的音色有差别。正是由于这个原因，我们就觉得录音机里放出来的声音不像自己的声音了。

雨天电话容易串音

夏天或梅雨季节，电话串音现象特别多，有时电话声音还会变小或变大。出现这些现象是因为电话线出了故障。电话信号在传输过程中，要经过许多岔道和接头，线路越长，岔道口接头越多。如果这些岔道处的接头没有进行很好的封接和绝缘处理，电流就会泄漏出去，这种现象就叫"漏电现象"。在雨天，周围空气潮湿，电缆内的棉纱、接口处的绝缘胶带受潮发霉，使得绝缘性能降低，严重时绝缘胶带不能隔绝导线间的电流，造成漏电。用户通话时，有一部分电流就会窜入其他线路，造成串音。另外，地下电缆也会受到雨水潮气的影响，发生漏电，而架空电缆缠绕上风筝、鸟巢后，也会使绝缘层破损，造成串音现象。

在嘈杂的环境中难以听清电话里的声音

我们在一个喧闹的环境中打手机是相当困难的。这主要是因为这时候打电话，噪音会进入话筒并通过电话中的电路与对方的声音混合在一起，使大脑很难将它们分辨出来。此时，如果将话筒捂住，效果就会好很多。

国际呼救信号 SOS

S. O. S. 是国际莫尔斯电码救难信号。由于以前海难事件频繁发生，并且往往由于不能及时发出求救信号和最快组织施救，造成很大的人员伤亡和财产损失。于是国际无线电报公约组织于 1908 年正式将 "S. O. S." 确定为国际通用海难求救信号。这三个字母组合没有任何实际意义，只是因为它的电码 "…－－－…"（三个圆点，三个破折号，然后再加三个圆点）在电报中是发报方最容易发出，接报方最容易辨识的电码。

在 1908 年之前，国际公海海难求救信号为 C. Q. D. 。虽然 1908 年国际无线电报公约组织已经明确规定应用 S. O. S. 作为海难求救信号，但 C. Q. D. 仍然有人使用。泰坦尼克海难发生初期，其他船只和救助组织之所以没有能够及时组织施救，主要是因为他们不明白船上发报员开始发出的过时的 C. Q. D. 求救信号。直到整个船只都快没入大海时，发报员才发出了 S. O. S. 求救信号，但那时已经来不及了。

碱性电池

碱性电池与以往的普通干电池（又称碳锌干电池）相比，具有耐用、电流量大、储存寿命长、外壳不易腐蚀等优点。碱性电池中的氢氧化钾呈液态，不像普通干电池中填充的都是固态糊状物，所以内阻比较小。再加上碱性电池中的锌以粒屑状参与反应，与电解质的接触面积较大，因而产生的电流量要比同体积的普通干电池大 3 ~ 5 倍。另外，碱性电池放电时，内部不产生气体，而普通干电池放电时会产生一些气体，所以碱性电池的电压也较稳定。碱性电池中不参与化学反应的充填物很少，所以它能做得更小些。这样，体积相同的碱性电池和普通电池相比，碱性电池就显得格外耐用。

蓄 电 池

有些电池能反复充电、放电，人们把这类电池称作蓄电池，又叫做二次电池。蓄电池并非直接能储藏电，因为电是电子的定向流动，而大量的电子是无法像普通物件一般储存在仓库里的。蓄电池之所以能"蓄电"，是把外界的电能用来促使电池内部发生化学反应，把电能转换成化学能储存起来。使用电池时，电池内部又进行逆向的化学反应，把储存的化学能转变为电能。这种可逆的变化可反复多次进行，蓄电池也就可以反复充电使用了。蓄电池的种类很多，较常见的是铅蓄电池，它常常用在汽车上。目前在通信、家电上用得较多的是小型的全封闭蓄电池．如镍镉电池、镍氢电池、锂电池等。

人体静电

　　静电是由原子外层的电子受到各种外力的影响发生转移，分别形成正负离子造成的。任何两种不同材质的物体接触后都会发生电荷的转移和积累，形成静电。人身上的静电主要是由衣物之间或衣物与身体的摩擦造成的，因此穿着不同材质的衣物时"带电"多少是不同的，比如穿化学纤维制成的衣物就比较容易产生静电，而棉制衣物产生的就较少。而且由于干燥的环境更有利于电荷的转移和积累，所以冬天人们会觉得身上的静电较大。此外，在不同湿度条件下，人体活动产生的静电电位有所不同。在干燥的季节，人体静电可达几千伏甚至几万伏。实验证明，静电电压为5万伏时人体没有不适感觉，带上12万伏高压静电时也没有生命危险。不过，静电放电也会在其周围产生电磁场，虽然持续时间较短，但强度很大。目前科学家们正在研究静电电磁场对人体的影响。

五彩缤纷的霓虹灯光

　　普通电灯泡（白炽灯）的发光原理是让电流通过电阻较大的钨丝产生热来发光的，如果不在灯泡的外面加灯罩的话，是不能实现发出多种颜色的光的。霓虹灯与普通的白炽灯泡不同的是，霓虹灯是通过让高压电子穿过特定的气体，并发射到灯管壁上的荧光粉上实现发光的，所以霓虹灯可以发出多种颜色的光。

上海南京路上的霓红灯街景

电灯泡破了为什么就不能发光了?

我们平常用的普通电灯泡，是一个密封起来的玻璃泡，里面是没有空气的。如果电灯泡破了，空气就会跑进去，同时空气中的氧气也会进去。而灯泡里的钨丝是很细很细的，当钨丝发光时，它的温度特别高，可以达到2500℃左右，灯泡破了之后，温度很高的钨丝就会马上和跑进的氧气发生化学反应，使钨丝烧断。钨丝断了，灯泡就不亮了。所以灯泡破了，也就不会发光了。

电灯泡为什么被做成鸭梨形状?

电灯泡的灯丝是用金属钨丝制成的。通电后，灯丝发热，温度高达2500℃以上。金属钨在高温下升华，一部分金属钨的微粒便从灯丝表面跑出来，沉淀在灯泡内壁上。时间一长，灯泡就会变黑，降低亮度，影响照明。于是科学家们根据气体对流是由下而上运动的特点，在灯泡内充上少量惰性气体，并把灯泡做成梨形。这样，灯泡内的惰性气体对流时，金属钨蒸发的黑色微粒大部分被气体卷到上方，沉积在灯泡的颈部，便可减轻对灯泡周围和底部的影响，保持玻璃透明，使灯泡亮度不受影响。

电灯泡

厚玻璃杯更容易炸裂

冬天倒热水到玻璃杯里面，为了防止玻璃杯炸裂，人们往往会特意选择厚玻璃杯来用，以为厚玻璃杯不仅结实而且水温还降得慢。可是往往才倒好水，玻璃杯就破了，而平时用很薄的玻璃杯却不会这样，这究竟是什么原因呢？原来，玻璃导热比较慢，用厚玻璃杯倒热水的时候杯内壁已经受热膨胀，而外壁还处于较低的温度而膨胀较小。这样，杯的内壁对外壁产生压力，如果玻璃的质量不是很好的话，就容易碎裂。而薄壁杯子则可以及时把热传到外壁，使玻璃均匀受热膨胀，因而就不容易碎。

保温瓶保温原理

保温瓶的功能是保持瓶内原有的温度，断绝瓶内与瓶外的热交换，使瓶内的热出不去，瓶外的热也进不来，因此也有人把保温瓶叫做热水瓶。其实这样叫是不科学的，因为保温瓶既能保"暖"，也能保"冷"。保温瓶为什么能做到这一点呢？我们知道，热的传递方式有三种：热的传导、热的对流、热的辐射。保温瓶是用玻璃做的，瓶塞选用软木塞，瓶胆下面垫有橡皮垫，这些材料都是不容易传热的物体，隔断了热传导的通路。保温瓶胆用双层玻璃做成，两层之间抽成真空，这就破坏了对流传热的条件。两层玻璃都镀上了水银层，好像镜子一样，能把热射线反射回去，又断绝了热辐射的通路。如果在保温瓶里灌上热水，热量就被关在里面，跑不出来；若是在保温瓶里放入冰棍，外面的热同样也不容易跑到瓶子里，冰棍就不容易化。由上可知，在保温瓶的设计中，已将热传递的三个方面都考虑到了，基本上断绝了瓶内瓶外的传热途径，所以保温瓶能使瓶内温度保持较长的时间。

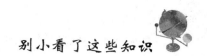

保温瓶的瓶胆为什么会有"小尾巴"?

保温瓶之所以能保温,就是因为保温瓶的瓶胆两层玻璃之间的空气被抽掉了,从而使得里面的热水不容易向外散发热量,达到保温的目的。而保温瓶瓶胆上的"小尾巴"就是在生产保温瓶胆时留下的抽气嘴,抽完气后将抽气嘴处的玻璃熔化封住口,以保持两层玻璃中间呈真空状态。所以,如果万一不小心将这个"小尾巴"给弄断了,空气就会跑进瓶胆的两层玻璃之间,保温瓶就不能保温了。

茶壶盖上为什么要有一个孔?

茶壶盖上的孔并不是为了散热,而是为了保持茶壶内外的压强一样。假如茶壶盖上面没有小孔,当我们倒水时,倒出一定量的水后,壶内会形成一定量的真空,此时,由于茶壶外空气的压强大于壶内部的压强,就会出现水在壶嘴处由于受到向内的压力大于其向外的压力而出现倒不出来水的现象。在茶壶盖上面加一个小孔,就可以使壶内和壶外的空气保持连通,平衡了壶内和壶外的气压,解决了当壶内气压小于壶外气压时倒不出水的问题。

用吸管为什么能吸上饮料？

　　我们在喝饮料时，经常会用到吸管。那么为什么吸管能将饮料吸到嘴里呢？这是因为当吸管进入饮料里的时候，吸管内压强与大气压强（也就是吸管外压强）是一样大的。而当我们用嘴吸吸管时，就相当于吸掉了吸管中的空气，所以这时吸管内压强比大气压强小，所以饮料就被饮料瓶里的气压压进吸管，于是我们能用吸管吸上饮料了。

总也倒不了的不倒翁

　　对任何物体来说，如果它的底面积越大，重心越低，它就越稳定，越不容易翻倒。由于不倒翁的整个身体都很轻，只是在它的底部有一块较重的铅块或铁块，因此它的重心很低；另一方面，不倒翁的底面积大而圆滑，容易摆动。当不倒翁向一边倾斜时，由于支点（不倒翁和桌面的接触点）发生变动，重心和支点就不在同一条铅垂线上。这时候，不倒翁倾斜的程度越大，重心离开支点的水平距离就越大，重力产生的摆动效果也越大，使它恢复到原位的趋势也就越显著，所以不倒翁是不容易被推倒的。

不倒翁

铅笔插在水中的时候为什么看起来像是断了?

光是沿着直线传播的，但是如果光从两种不同的物质中通过，那么在这两种物质交界的地方，光的传播方向会发生改变，这叫做光的折射。当光从空气进入水里，因为水比空气的密度要大得多，于是，在水和空气相交的地方就发生了折射，光不再沿着原来的方向传播。我们把铅笔伸进水中，看到水下的那部分铅笔，是已经发生了折射后的光线里的铅笔。这股光线当然不会与水面的光线成一条直线，所以铅笔虽然没有断，但看起来却像是断了一样。

铅笔插在水中的折射现象

将海螺放在耳边为什么可以听到海潮的声音？

当周围声音比较嘈杂的时候我们将海螺放在耳边，就会听到呜呜的好像是海潮的声音，就仿佛是来到了海边一样。为什么会出现这种现象呢？原来螺壳里面的形状是弯曲的，里面贮满了空气，所以当你在周围环境很嘈杂的地方，这些嘈杂的声音使螺壳里的空气振动，因此，你把海螺贴进耳边就会听到好像是海潮的声音。当你在一个特别安静的房间里时，周围传来的声音很少，而且音量也很微小，不能使螺壳里的空气振动，所以在这时候你把螺壳贴在耳边，就不会听到海潮的声音。

海螺

打水漂的时候石头为什么能够弹起来？

打水漂的时候，石头之所以能弹起来而没有沉到水里去，主要是因为所扔出去的石头都是高速旋转的。落到水面的时候，它要带动它下面的水来旋转，于是水就给它一个反方向的作用力来阻止石头的旋转速度。而这时石头的一个向下的速度也被水面所阻止了，所以打水漂时石头能弹跳的次数多少和石头扔出去的速度无多大关系，而是主要和石头旋转的速度有关。抛出去的石头旋转的速度越大，水的反作用力越大，石头所能弹跳的次数就多。石头每在水面上弹一次，旋转速度就减小一点，直到水面的反作用力不能把石头弹起为止。

衣服湿了颜色会变深

我们的眼睛之所以可以看到物体，就是因为光照到物体上后，物体表面就会把光反射到眼睛里。物体反射的光越多，它的颜色就越浅；反射的光越少，它的颜色就越深。光照到干衣服上，大量的光被衣服纤维反射出来，只有少许被衣服吸收。而衣服被水浸湿以后，一方面有一些纤维绒毛倾倒不能反射光线；一方面湿衣服的表面覆盖着一层水，光射到水上以后，只有反射角度比较小的光才可以钻出水面从而反射出来，反射角度十分大的光却被水面挡了回去。由于被水浸湿的衣服比干燥时反射的光少，衣服也因此颜色变深了。

下水道的盖子为什么大多数都是圆的?

下水道的盖子做成圆的主要是由圆的特性所决定的。由于圆盖的任何直径都不会比放它的圆圈小,所以不管怎么样,下水道的盖子都不会从井口掉下去。而方盖的任何一个边都比放它的方口的对角线短,当盖子立起时就有可能斜着掉下去。所以为了避免出现下水道盖掉下去的情况,人们把下水道的井口和盖子设计成圆形的。

空气是"空"的吗?

空气并不是"空"的。空气是多种气体的混合物。它的恒定组成部分为氧、氮和氩、氖、氦、氪、氙等稀有气体,可变组成部分为二氧化碳和水蒸气。空气中各部分的含量随地球上的位置和温度不同,在很小限度的范围内会微有变动。至于空气中的不定组成部分,则在不同的地区,有不同的变化。例如,靠近冶金工厂的地方会含有二氧化硫,靠近氯碱工厂的地方会含有氯等等。此外空气中还有微量的氢、臭氧、氧化二氮、甲烷以及或多或少的尘埃。实验证明,空气中恒定组成部分的含量百分比,在离地面100km高度以内几乎是不变的。以体积含量计算,氧约占20.95%,氮约占78.09%。

人骑在自行车上为什么不会倒？

自行车的平衡首先来自于骑车人腰部的肌肉。熟练的骑车人，其身体形成自动的条件反射，当自行车稍微倾斜倒下时，人的身体会感受到，腰部肌肉会自动动作，把身体拉向另一侧，促使车身抬起。我们学习骑自行车，也就是训练身体的肌肉完成这种条件反射，而一旦学会，这个控制回路就保持在小脑中，随时可以启用，许多年也不会忘记。

骑自行车

水中点蜡烛

水火一向是"不相容"的，但是在水中是能点蜡烛的。我们可以通过做一个实验来证明这是真实的事实。找来一个大盆子，先往盆中滴几滴蜡烛油，把蜡烛固定在盆中间，再把水慢慢地倒入盆中，使蜡烛顶端露出水面约一厘米。然后，点燃蜡烛。随着蜡烛在慢慢地燃烧着，火焰开始接近水平面，蜡烛还没有熄灭。过了几分钟左右，我们就会发现一个神奇的现象：蜡烛已经烧到水下了，火焰依然没有熄灭。这是为什么呢？这主要是因为蜡烛在燃烧过程中，融化的蜡遇到水会迅速变成固体，并冻结在火焰四周，形成蜡筒。当火焰低于水平面后，水会把逼向蜡筒的热量带走。因此，蜡筒就能保护火苗一直燃烧。

不能用嘴吹灭酒精灯

酒精灯的灯芯和灯芯套之间是很松动的，在保证灯芯不会脱落下来的前提下往往有一定的缝隙。而之所以要留有这样的缝隙，是为了有利于露在灯外面的灯芯始终有酒精。如果我们直接用嘴吹正在燃烧的酒精灯火焰，就有可能将燃烧的酒精蒸气沿着缝隙吹入灯内，引起灯内的酒精燃烧，从而发生危险。因此，千万不能用嘴吹灭正在燃烧的酒精灯火焰，正确的方法应该是用酒精灯的灯帽将酒精灯盖灭。

建筑图纸为什么被叫做 "蓝图"?

　　建筑图纸被叫做 "蓝图",是因为建筑工程图纸一般都是使用晒图法复制的原因。由于晒图前需要将设计人员绘出的图纸用碳素墨水描到一种硫酸纸上,然后把硫酸纸放到晒图机上曝光显影定影,而晒图纸上的涂覆材料类似于感光胶片,利用氨水定影,最后形成的氨络合物是蓝色的,所以就成了 "蓝" 图。不过现在有些单位也用大型的工程图复印机复印,这样出来的图纸就不是蓝色的了。

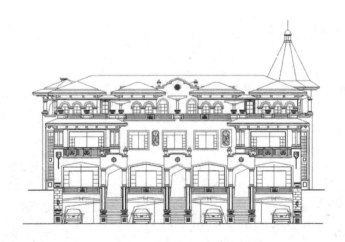

海洋石油钻井平台上为什么会喷火?

　　我们经常会在电视上或者通过图片看到，在海洋的石油钻井平台上总是燃烧着熊熊大火，这到底是什么原因呢？这是因为开采出来的石油往往伴有天然气，它的主要成分为甲烷。在陆地上这些天然气可以通过回收成为一种清洁能源，但在海上要建相应的设备成本太高，不划算。所以在海上石油开采的初期，大多都采用直接排入大气的方式来解决。但随着人类对臭氧层遭受破坏的认识和对全球变暖的关注，人们开始认识到甲烷对臭氧层的破坏仅次于氟氯昂，而且甲烷的温室效应是二氧化碳的 20 倍，因此后来海洋石油钻井平台所产生的天然气全部通过一根管道引到远离平台的地方点燃，通过将甲烷转化成二氧化碳和水，来减少对大气臭氧层的破坏和尽量减少温室效应。

海洋石油钻井平台

牛皮纸是用牛皮制造的吗?

在很早以前,牛皮纸确实是用小牛的皮做的。当然,这种牛皮纸,现在只有在做鼓皮的时候,才会用到它。而我们现在包书用的牛皮纸,是人们学会了造纸技术以后,用针叶树的木材纤维,经过化学方法制浆,再放入打浆机中进行打浆,再加入胶料、染料等,最后在造纸机中造成纸张。由于这种纸的颜色为黄褐色,纸质坚韧,很像牛皮,所以人们把它叫做牛皮纸。其实,牛皮纸与普通纸的制造方法并没有多大的不同,为什么牛皮纸比普通纸牢固呢?这主要是制牛皮纸所用的木材纤维比较长,而且在蒸煮木材时,是用烧碱和硫化碱化学药品来处理的,这样它们所起的化学作用比较缓和,木材纤维原有的强度所受到的损伤就比较小。用这种纸浆做出来的纸,纤维与纤维之间是紧紧相依的,因此非常牢固。

像猪嘴的防毒面具

在第一次世界大战期间，德军曾与英法联军为争夺比利时伊泊尔地区展开激战。1915 年，德军为了打破欧洲战场长期僵持的局面，第一次使用了化学毒剂。剧毒的化学物品致使大量英法士兵和附近的野生动物死亡，但奇怪的是，这一地区的野猪竟意外地生存下来。这件事引起了科学家的极大兴趣。经过实地考察，仔细研究后，终于发现是野猪喜欢用嘴拱地的习性使它们免于一死。当野猪闻到强烈的刺激性气味后，就用嘴拱地，以此躲避气味的刺激。而泥土被野猪拱动后其颗粒就变得较为松软，对毒气起到了过滤和吸附的作用。野猪的这一方法使它们在这场战争的浩劫中幸免于难。根据这一发现，科学家们很快就设计、制造出了第一批酷似野猪嘴的防毒面具。在这种类似猪嘴形状的防毒面具中，装入吸附能力很强的活性炭，从而达到过滤毒气的目的。如今，尽管吸附剂的性能越来越优良，但防毒面具酷似猪嘴的基本样式却一直没有改变。

防毒面具

玻璃上的花纹

玻璃是生活中常见的东西。可是如果我们仔细观察就会发现，有些玻璃杯上有好多花纹，老师用来做实验的玻璃仪器上也有很多刻度，那么这些花纹和刻度是怎么"刻"出来的呢？原来，有一种化学名叫氢氟酸的化学物品能强烈地腐蚀玻璃。于是人们就根据氢氟酸的这一特性，先在玻璃上涂一层石蜡，再用刀子划破蜡层刻成花纹，再涂上氢氟酸。过上一会儿，洗去残余的氢氟酸，刮掉蜡层，玻璃上就会出现美丽的花纹。我们平常见到的玻璃杯上的刻花，玻璃仪器上的刻度，就是这样用氢氟酸"刻"成的。

玻璃花纹

玻璃镜子背面的涂层

第一面玻璃镜子是在 400 多年前的威尼斯出现的。当时威尼斯人把亮闪闪的锡箔贴在玻璃板上，然后倒上水银，就变成一种黏糊糊的银白色液体，紧紧地贴在玻璃上，成为一面镜子，人们称它为水银镜。19 世纪有人发明了"镀银法"。镀银法是在玻璃上镀上一层极薄的银层。为使镀层不易剥落，通常在镀银之后，再刷一层红色的保护漆，这样的镜子既清楚又耐用。现在我们所使用的镜子背面大多是镀铝的。铝是银白色亮闪闪的金属，比贵重的银便宜得多。制造铝镜，是在真空中使铝蒸发，铝蒸气凝结在玻璃面上，成为一层薄薄的铝膜。

陶瓷器皿上美丽的颜色是怎么做的?

瓷器表面上有一层光滑的玻璃质，叫做釉。瓷器上由红色、绿色、紫色、黄色、黑色等美丽色彩构成的图画，就是巧妙地使用某种金属和金属氧化物的釉彩绘制成的。在釉彩上产生瑰丽颜色的原料很多，例如氧化钴可产生蓝色；氧化铬生成绿包；三氧化二铁可产生棕色；二氧化锰生成黑包；氧化亚铜生成红色；氧化锡生成白色；氧化锑生成黄色；金和金的化合物产生金红色；银的化合物生成黄色，镍的化合物产生紫色等等。用不同的金属氧化物，互相合作，还可以产生出很多种悦目的色彩来。

青花瓷

彩色照片时间长了会褪色

　　生活中我们经常会看到，彩色照片放时间长了就会褪色。这是什么原因呢？由于照片显影过程是由溴化银盐经化学分解，使溴素与金属银分离，也使相纸乳剂中卤素移出，使金属银永久地存留于感光纸上，从而形成清晰的画面。但是经过长时间的氧化或光合作用，加上空气中的某些侵蚀银离子的元素，会致使银离子逐渐减弱，从而使相片褪色。

七彩烟花

　　火焰颜色是由于烟花药品剂燃烧时，它的各组成成分间起了某种化学反应生成了某些原子或分子，这些分子或原子以一定的频率振动，在可见光谱范围内呈现一定波长的谱带或谱线，从而使火焰着色成为有色火焰。不同金属或它们的化合物在灼烧时都会使火焰呈现出特殊的颜色。如钾的焰色反应为紫色，钙为砖红色，铜为绿色。制焰火的原料中含有这些金属化合物，所以就会产生不同的颜色。

北京奥运会开幕式烟花

火柴一擦就着

　　火柴头上主要含有氯酸钾、二氧化锰、硫黄和玻璃粉等。火柴杆上涂有少量的石蜡。火柴盒两边的摩擦层是由红磷和玻璃粉调和而成的。火柴着火的主要过程是：火柴头在火柴盒上划动时，产生的热量使磷燃烧，磷燃烧放出的热量使氯酸钾分解，氯酸钾分解放出的氧气与硫反应，硫与氧气反应放出的热量引燃石蜡，最终使火柴杆着火。

干粉灭火剂中的"干粉"为什么能灭火?

　　干粉灭火剂中的干粉是用于灭火的干燥、易于流动的微细粉末,由具有灭火效能的无机盐和少量的添加剂经干燥、粉碎、混合而成微细固体粉末组成,是一种消防中得到广泛应用的灭火剂。干粉灭火剂主要通过在加压气体作用下喷出的干粉与火焰接触混合时发生的物理、化学作用灭火。通过干粉中的无机盐的挥发性分解物,与燃烧过程中燃烧报产生的自由基或活性基团发生化学抑制和副催化作用,使燃烧的链反应中断而灭火。同时干粉的粉末落到可燃物表面上,发生化学反应,并在高温作用下形成一层玻璃状覆盖层,从而隔绝氧、进而窒息灭火。此外,干粉灭火剂还有部分稀释氧和冷却作用,达到最终灭火的目的。

干粉灭火剂灭火

四、科技大观

为什么"鸟巢"没有避雷针?

"鸟巢"外表平滑,没有普通大型建筑上突起的避雷针,但是它的整个"钢筋铁骨"构成了理想的"笼式避雷网"。"鸟巢"的设计者们充分利用建筑结构自身的有利条件,将"鸟巢"的金属屋面、钢结构中的钢构件以及钢筋混凝土中的钢筋,通过焊接方式进行有效连接,这样"鸟巢"自身就形成了一个巨大的避雷网,能把闪电迅速导入地下。

为了防止雷击对人体的伤害,场馆内人能触摸到的部位,都做了特殊处理,抵消了雷电对人的影响;同时,"鸟巢"内几乎所有的设备都与避雷网做了可靠连接,保证雷电来临的瞬间,能顺利将巨大电流导入地下,保证了场馆自身、仪器设备和人身安全。

鸟巢

水立方的 "泡泡装" 是怎样做成的?

"水立方" 整体建筑由 3000 多个气枕组成, 气枕大小不一, 形状各异, 覆盖面积达到 10 万平方米, 堪称世界之最。除了地面之外, 外表都采用了膜结构。安装成功的气枕将通过事先安装在钢架上的充气管线充气变成 "气泡", 整个充气过程由电脑智能监控, 并根据当时的气压、光照等条件使 "气泡" 保持最佳状态。

有人会担心这些 "泡泡" 会破裂的, 其实, 水立方上的这种像 "泡泡" 一样的膜材料具有较好的抗压性, 人们在上面放上一辆汽车都不会压坏。即使万一出现外膜破裂, 我们也不用担心, 因为根据应急预案, 可在 8 个小时内把破损的外膜修好或换新。

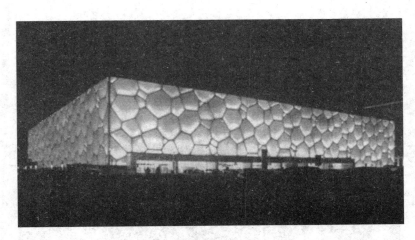

水立方

北京奥运会开幕式上的"大脚印"
为什么能准确迈进？

北京奥运会开幕式上的"大脚印"，从永定门经过天安门到"鸟巢"，通过 29 个"脚印"，表现了先后 29 届奥运会的历史，一步步地走来了，来到了"鸟巢"。是什么让这些硕大的"大脚印"一步一步地准确迈进的呢？

"大脚印"采用了膛压发射技术，可以调控压力的强弱，控制花弹的高低。另外，"大脚印"礼花从 15 千米以外准确无误地以每隔 2 秒一步的速度走过来，这个过程采用了数码控制点火新技术，可以控制到误差几毫秒。

正是由于有非常严密科学的控制系统的保证，在北京奥运会的开幕式上，我们才看到了壮观奇妙的 29 个"大脚印"一步一步地走来。

"鲨鱼皮"泳衣为什么能帮助游泳运动员提高成绩？

游泳运动员为了减少人体阻力，不少游泳选手纷纷采用各种各样的泳衣，以提高自己的速度，但真正的突破是 1998 年英国运动员在英联邦运动会上首次使用的"鲨鱼皮"泳衣。用特氟纶纤维制成的这种泳衣，表面模仿了鲨鱼表皮成排的脊柱形小突起，能更有效地使身体周围的水流走，减少阻力。这些最新型的"鲨鱼皮"泳衣从肩到脚跟紧贴皮肤，运动员穿了看上去像个没有披斗篷的超人。它的首要功能是包裹住乳房和臀部等会在水中晃动增加阻力的部位，人要把自己挤进这套泳衣得花不少时间。除了减少阻力，它们还能使游泳者的下半身处在更水平的位置。

1999 年 10 月，"鲨鱼皮"泳衣正式获得国际泳联认可，2000 年就被澳大利亚游泳名将索普用到了悉尼奥运会上。他获得 400 米自由泳金牌、200 米自由泳银牌、4×100 米、4×200 米自由泳接力金牌，"鲨鱼皮"立下了汗马功劳。而在北京奥运会上，菲尔普斯更是穿着"鲨鱼皮"狂揽 8 金。

人类是怎样用撑竿越跳越高的？

1896 年第一届奥运会，美国运动员威廉霍亚特靠着笨重、坚硬的山胡桃木撑竿创造了 3.3 米的世界纪录。

12 年后的伦敦奥运会是撑竿跳高历史上的一个里程碑，美国耶鲁大学学生吉尔伯特第一次使用竹竿跳过 3.71 米获得冠军。从此开始了撑竿跳的"竹竿时代"。

在 1952 年的赫尔辛基奥运会上，玻璃纤维撑竿的亮相则让撑竿跳就此进入又一个新的时代。玻璃纤维撑竿的优势在于它较轻的自重和极强的柔韧性。由于杆重大大减轻，运动员持杆助跑的速度得以猛增；"柔性"的纤维杆落地后更像是压缩了的弹簧，纤维撑竿被压弯后便积蓄了变形势能，从而可以将运动员"弹"向空中。

在今天，玻璃纤维又被碳纤维代替。这种碳纤维复合材料的性能比玻璃钢有了大幅度的提高，因而现在的撑竿更轻、强度更好。现代的撑竿制作工艺日臻完善和成熟，甚至可以通过精密的实验和计算，根据撑竿从上到下受力的差异和弯曲的弧度来设计不同部位最合理的强度。虽然对于撑竿材料革命的疑虑和抱怨一直未曾停止，但是，随着科技的发展，我们有理由相信，人类还会越跳越高。

撑竿跳高

什么是"蓝牙"？

蓝牙是一种新型的低成本、低功率、近距离无线连接技术标准的代称，是实现数据与话音无线传输的开放性规范。蓝牙技术的目标是开发一种全球统一的开放无线连接技术标准，使移动电话、笔记本电脑、掌上电脑、拨号网络、打印机、传真机、数码相机等各类数据和话音设备，均按此技术标准互连，形成一种个人区域无线通信网络，使得在其范围内的各种信息化设备都能实现无缝资源共享。科学家把这种开放无线连接技术标准定名为 BLUE-TOOTH，翻译成中文就是"蓝牙"。

蓝牙的名字来源于 10 世纪丹麦国王 HaraldBIatand——英译为 HaroldBlue-tooth（因为他十分喜欢吃蓝梅，所以牙齿每天都带着蓝色）。在行业协会筹备阶段，需要一个极具有表现力的名字来命名这项高新技术。行业组织人员，在经过一夜关于欧洲历史和未来无限技术发展的讨论后，有些人认为用 Blatand 国王的名字命名再合适不过了。Blatand 国王将现在的挪威、瑞典和丹麦统一起来；他口齿伶俐，善于交际，就如同这项即将面世的技术。这项技术将被定义为允许不同工业领域之间的协调工作，保持着各个系统领域之间的良好交流，例如计算机、手机和汽车行业之间的工作。于是，蓝牙的名字就这么被确定下来了。

秦兵马俑能青春永驻吗？

　　1974 年出土的秦兵马俑是 20 世纪世界上最重要的考古发现之一。但是，由于陪葬坑内的温度和湿度有利于霉菌的生长，出土时色彩鲜艳的陶俑，受"生存环境"变化的影响和霉菌侵扰，表面颜色很快褪色。考古探测表明，在西安秦兵马俑陪葬坑内有 8000 多个陶俑，然而目前出土的仅有 1000 多个。人们看到的兵马俑大多都已"锈迹斑斑"，呈陶土色，远看灰蒙蒙的。为了更好地保护兵马俑，考古部门已经放慢了对兵马俑发掘的速度。

　　但是现在，科学家们找到了保护兵马俑的有效办法。科学家们研究发现，利用溶胶与凝胶相结合的方法把新研制成的纳米材料制成一种透明的胶体，涂在文物的表面，可以形成一种"无机膜"，使文物完全与外界隔离，有利于文物的长期保护。这种纳米材料可以吸收紫外线，保护文物的颜色不变、材质不腐坏，还可以有效地排除虫菌对文物的侵蚀。在文物的周围涂上这种纳米材料，还有利于降低空气中有害气体的含量。同时，新型纳米"无机膜"除了可以对陶质文物进行有效保护以外，还可以用于丝绸和书画等文物的保护。科学家们乐观的表示，这种最新技术有望实现让颜色各异的秦俑得以长期保存。"

未来的"纸"

根据《中国大百科全书》中对纸的定义，它是一种"供书写、记录、印刷、绘画或包装等多种用途的片状纤维制品。"然而，这一定义随着新型智能纸的出现，已捉襟见肘。

制造智能纸的关键是"微囊包封"技术，它是用一种物质围绕另一种物质的核，再生长出层层微小的壳的技术，无碳复写纸便是用这种技术制造的，它上面涂了一层含有墨水的微小颗粒，书写的动作足以挤破小颗粒的壳，在它下面一层纸上释放出墨水。科学家还设法将这些颗粒分为黑白两类，并让他们携带不同的电荷，这样，若将其置于电场中，可让白色和黑色颗粒分别趋向两边，电场方向反一反、黑白颗粒也随之交换位置，与复印机中的色粉相比，这种黑白颗粒是能够人为地控制，人们称其为"电子油墨"。

有了电子油墨，便可制造"能重复使用的纸"，这种纸因为在它上面已经有了智能色粉，打印机上只需加一排电极用以控制小颗粒就行了。这种纸一旦出现，便可以结束人类滥伐森林的行为了。

人脑可以直接操控电脑吗？

近日，英国科学家发明了一种特殊的"帽子"，人们只要戴上它，就可以用思想直接操控电脑、机器人，或是转换电视频道等。这种特殊帽子上面分布着很多电极，这些电极可以探测到人脑神经细胞中脑电波的变化。当戴着这种特殊帽子的人想象某个动作时，帽子会将人的脑电波转换成一种可供电脑识别的信号，继而达到人脑直接控制电脑的效果。

这种特殊"帽子"由英国埃塞克斯大学科学家研发。目前，人们戴上这顶帽子已经能直接用思想玩简单的电脑游戏，或是操控机器人在室内移动。科学家希望这一技术能够继续发展，帮助人们直接利用思想移动轮椅或者开车。

用体温能给手机供电

德国科学家研制出一种新型电路，使利用人体体温供电成为可能。通常情况下，温差要达到数十摄氏度才能产生足够的电能，而人体表面温度与室内环境温度的差异只有几度。这样小的温差只能产生低压电。于是科学家重组了一些元牛，研制出一种全新的电路，只需0.2伏电压就可正常工作，这使一些电子仪器不需内置电池，利用人体的体温供电就足矣。除了给手机供电，这项技术还可以应用于医学。重症监护室患者身上的各种仪器都需要独立电源，使病房内的电线乱作一团。一旦这项新技术得以应用，病人自身的体温就能为仪器供电。

高新科技区为什么被称做"硅谷"？

硅是一种化学元素，是一种重要的半导体材料，也是现代电子工业中的一种重要材料。人们传统称谓的"硅谷"位于美国加利福尼亚州的旧金山经圣克拉至圣何塞近50千米的一条狭长地带，是美国重要的电子工业基地，也是世界最为知名的电子工业集中地。它是随着20世纪60年代中期以来，微电子技术高速发展而逐步形成的，其特点是以附近一些具有雄厚科研力量的美国斯坦福、伯克利和加州理工等世界知名大学为依托，以高技术的中小公司群为基础，并拥有思科、英特尔、惠普、朗讯、苹果等大公司，融科学、技术、生产为一体。目前它已有大大小小电子工业公司达1万家以上，所产半导体集成电路和电子计算机约占全美1/3和1/6。20世纪80年代后，生物、空间、海洋、通讯、能源材料等新兴技术的研究机构纷纷出现，该地区客观上成为美国高新技术的摇篮，现在硅谷已成为世界各国半导体工业聚集区的代名词。

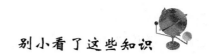

世界上运行最快的计算机

目前，世界上运行最快的计算机是由 IBM 公司和隶属美国能源部的洛斯阿拉莫斯国家实验室的科研人员耗时 6 年联合开发而成的"走鹃"计算机，其名字是以新墨西哥州州鸟"走鹃"命名。

它的运算速度达每秒 1000 万亿次，每秒 1000 万亿次的运算能力大概相当于把 10 万台目前配置最好的笔记本电脑的运算能力累加到一起。这台超级计算机一天的计算量相当于地球上 60 亿人每周 7 天、每天 24 小时不间断用计算器算 46 年。

"走鹃"造价 1 亿多美元，占地 557 平方米，重 226.8 吨，包括 6948 个双核计算机芯片。"走鹃"将主要用于美国核武器等政府机密研发项目。另外，还可以应用于民用工程和医药等诸多领域，例如用于研发生物燃料、设计高能效汽车、寻找新型药物以及为金融业提供服务等。

鼠标的由来

鼠标是 1964 年由 Douglas Engelbart 发明的。它的工作原理是由滚轮带动轴旋转，并使变阻器改变阻值，阻值的变化就产生了位移讯号，经电脑处理后屏幕上指示位置的光标就可以移动了。由于该装置像老鼠一样拖着一条长长的连线（像老鼠的尾巴），因此，Douglas Engelbart 和他的同事在实验室里把它戏称为"Mouse"，他当时也曾想到将来鼠标有可能会被广泛应用，所以在申请专利时起名叫"显示系统 X－Y 位置指示器"，但是人们觉得"Mouse"这个名字更加让人感到亲切，于是就有了"鼠标"的称呼。

鼠标

太阳能电池板为什么能发电?

太阳能电池板也同晶体管一样,是由半导体组成的。它的主要材料是硅,也有一些其他合金。太阳能电池板的表面由两个性质各异的部分组成。当太阳能电池板受到光的照射时,能够把光能转变为电能,使电流从一方流向另一方。太阳能电池板就是根据这种原理设计的。太阳能电池板只要受到阳光或灯光的照射,一般就可发出相当于所接收光能1/10的电来。为了使太阳能电池板最大限度地减少光反射,将光能转变为电能,一般在它的上面都蒙上了一层防止光反射的膜,使太阳能电池板的表面呈紫色。现在,科学家们已经研制成功了一种高效的太阳能电池板,这种电池板不仅白天能提供电能,而且在夜间也可提供电力。

太阳能电池板

克隆技术

克隆是英文 clone 的音译，简单讲就是一种人工诱导的无性繁殖方式，但克隆与无性繁殖是不同的。无性繁殖是指不经过雌雄两性生殖细胞的结合、只由一个生物体产生后代的生殖方式，常见的有孢子生殖、出芽生殖和分裂生殖。由植物的根、茎、叶等经过压条或嫁接等方式产生新个体也叫无性繁殖。绵羊、猴子和牛等动物没有人工操作是不能进行无性繁殖的。科学家把人工遗传操作动物繁殖的过程叫克隆，这门生物技术叫克隆技术。克隆的基本过程是先将含有遗传物质的供体细胞的核移植到去除了细胞核的卵细胞中，利用微电流刺激等使两者融合为一体，然后促使这一新细胞分裂繁殖发育成胚胎，当胚胎发育到一定程度后，再被植入动物子宫中使动物怀孕，便可产下与提供细胞者基因相同的动物。这一过程中如果对供体细胞进行基因改造，那么无性繁殖的动物后代基因就会发生相同的变化。

人体艺术克隆

人体艺术克隆是将美容专用材料与进口天然植物纤维合成物做成的克隆专用胶，在人体器官表面进行倒模工艺，十几分钟便可成型，然后将一种高分子合成材料注入基模，一个与原体一模一样的复制品就出来了。接下来是着色，可处理成亮金、亮银、纯白、透明水晶、玛瑙、仿铜或柔软真人肌肤等效果。最后是装帧，或镶在镜框或按于基座。这样一幅新颖独特、妙趣横生的局部人体艺术克隆品就做好了。再赋予它一定内涵，比如"牵手"、"心恋"、"成长足迹"、"海枯石烂"、"心心相印"、"永恒的爱"、"吻你"等，它既可以装饰新居、美化生活，又有丰富内涵，借此表达自己的情感和珍藏曾经最爱的见证。

人体艺术克隆与医学上的克隆人完全不同，这里只是借用了克隆一词的"复制"概念。这样做不只是让人听起来新颖易记，更重要的是只有"克隆"一词才能准确、真切地把该项技术特征凸显出来。

DNA

　　DNA 全称为脱氧核糖核酸，它是核酸的一类，因分子中含有脱氧核糖而得名。DNA 分子极为庞大，分子量一般至少在百万以上，主要组成成分是腺嘌呤脱氧核苷酸、鸟嘌呤脱氧核苷酸、胞嘧啶脱氧核苷酸和胸腺嘧啶脱氧核苷酸。DNA 存在于细胞核、线粒体、叶绿体中，也可以以游离状态存在于某些细胞的细胞质中。大多数已知噬菌体、部分动物病毒和少数植物病毒中也含有 DNA。除了 RNA（核糖核酸）和噬菌体外，DNA 是所有生物的遗传物质基础。生物体亲子之间的相似性和继承性即所谓遗传信息，都贮存在 DNA 分子中。

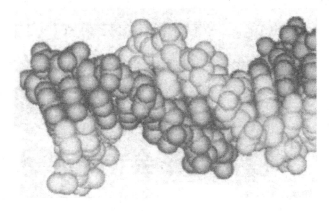

DNA 图

纳米技术

所谓纳米技术，是指在 0.1～100 纳米的尺度里，研究电子、原子和分子内的运动规律和特性的一项崭新技术。科学家们在研究物质构成的过程中，发现在纳米尺度下隔离出来的几个、几十个可数原子或分子，显著地表现出许多新的特性，而利用这些特性制造具有特定功能设备的技术，就称为纳米技术。

纳米技术是一门交叉性很强的综合学科，研究的内容涉及现代科技的广阔领域。1993 年，国际纳米科技指导委员会将纳米技术划分为纳米电子学、纳米物理学、纳米化学、纳米生物学、纳米加工学和纳米计量学等 6 个分支学科。其中，纳米物理学和纳米化学是纳米技术的理论基础，而纳米电子学是纳米技术最重要的内容。

纳米晶体是一种微小的材料，可以发出五颜六色的光，它即将为大屏幕电视机到便携式电子产品等各种设备的制造和效率带来全面变化。微小晶体采用无机材料，可以发出不同颜色的光，包括红、绿和蓝。纳米晶体可以组合成像素，然后通过光学原理生成颜色齐全的图像。

纳米晶体显示器能大大降低制造成本

纳米晶体显示器提供了比液晶显示器技术更高的颜色准确度和更广泛的视角，不过其最大的优点之一在于制造成本低。Larry Bock 是硅谷率先研制纳米晶体显示器的纳米技术公司 Nanosys 的执行主席，他说，如果使用纳米技术，"制造直径为 1 纳米的纳米结构与制造直径为 100 纳米的纳米结构相比成本一样低，因为都采用了按照一个个原子来构造结构的工艺。"在显示器表面上分布纳米粒子的工艺原理类似喷墨打印，可以避免当前这代显示器生产所需的成本昂贵的诸多步骤。相比之下，在传统的显示器制造工艺中，缩小零部件尺寸通常需要更高成本。

Nanosys 的技术将来还有可能应用于医学、太阳电池和柔性显示器等领域。Bock 说："纳米晶体让我们可以研制出成本很低的太阳电池，生成每瓦特能量，成本不到一美元，这与矿物燃料有得一拼。"预计纳米技术会在将来彻底改变许多行业，我们相信显示器只是首批应用领域之一。

植物渴了会向人要水喝

新加坡的一些大学生培育出了一种可以与主人进行交流的植物。当这种植物感觉"口渴"时，它就会通过发光的方式将这一信息传达给主人。这是怎么回事呢？原来，新加坡理工学院的学生将一种从水母体内提取的可令物体发出绿色荧光的基因转移到该植物内。这样，植物在缺水时会立即变得"闪闪发光"。不过人们很难用肉眼直接看到这种光线，而是需要运用特别研制的一种光学感应装置来观察植物是否发光，从而判断它是否是"渴"了。这一技术将有助于农民提高对庄稼的灌溉效率。

蔗糖变汽油

石油是地球上的不可再生资源，随着人类社会的发展，我们对石油的消耗也越来越大。为了解决这一问题，科学家们找到了通过基因改造技术研制出能将蔗糖转化为汽油的细菌的方法。美国加州的科学家们宣布，他们已经通过基因改造技术成功培育出一种能够将糖变为汽油的大肠杆菌，从显微镜下看，被改造过的大肠杆菌"生产"汽油的过程就像是人们从空中俯瞰一处大油田：细长管道将一小圈一小圈液态汽油逐渐抽出、集中到一起。有所不同的是，这个油田是由大肠杆菌组成的，这些细长形的细菌正在"制造"出一小滴一小滴的汽油。这种由经过基因改造的大肠杆菌将糖转化成的汽油或柴油，可以直接供机动车或是飞行器使用，几乎和我们现在使用的燃料没有任何区别。目前，科学家们正准备开始有关批量生产的实验。

泥土抗菌

科学家研究发现，利用泥土中抗微生物矿物质里的一种宿主可以研制出新一代非传统而有奇效的"医用泥土鸡尾酒"，以对付病菌。泥土的抑菌功能有朝一日将会超过肥皂。这种"医用泥土鸡尾酒"的打击目标主要是危险而致命的抗药性极强的"超级病菌"，如 MRSA 病菌（耐甲氧西林金黄色葡萄球菌）等。科学家们收集了来自全球各地的 20 种不同泥土的样本。他们对泥土成分经过分类后，测试了不同成分的抗菌属性。被测试病菌包括："超级病菌" MRSA、"食肉细菌"溃疡分支杆菌、大肠埃希菌及沙门氏菌等。结果发现，三种泥土可以杀灭或者抑制包括 MRSA 在内的所有被测试病菌。也许在不远的将来，我们就可以用泥土来消毒了。

汽车尾气能发电驱动汽车吗？

一向令人生厌的汽车尾气现在有了新用途。由通用汽车公司与俄亥俄州立大学的研究人员将一种特殊的电镀金属装置安装在汽车排气管上，利用尾气与空气间温差导致的热电效应，形成电流，通过电动机驱动汽车。

专家解释说，在上述装置内由两种金属组成的回路中，如果两个接触点之间产生温度差，金属电子的状态会发生变化形成电流，这种热电转换现象即为热电效应。研究人员指出，这一装置可使一辆雪佛兰越野车的燃油利用率提高5%，相当于每升燃油多跑0.43千米。小型车如果安装这种装置，节油效果会更明显。

世界上最牢固的材料

美国哥伦比亚大学的一个物理学研究小组在不久前宣布，石墨烯是现在世界上已知的最为牢固的材料。石墨烯是一种从石墨材料中剥离出的单层碳原子面材料，是碳的二维结构。这种石墨晶体薄膜的厚度只有0.335纳米，把20万片薄膜叠加到一起，也只有一根头发丝那么厚。

哥伦比亚大学的物理学家对石墨烯的机械特性进行了全面的研究。在试验过程中，他们选取了一些之间在10~20微米的石墨烯微粒作为研究对象。研究人员先是将这些石墨烯样品放在了一个表面被钻有小孔的晶体薄板上，这些孔的直径在1~1.5微米之间。之后，他们用金刚石制成的探针对这些放置在小孔上的石墨烯施加压力，以测试它们的承受能力。

研究人员发现，在石墨烯样品微粒开始碎裂前，它们每100纳米距离上可承受的最大压力居然达到了大约2.9微牛。据科学家们测算，这一结果相当于要施加55牛顿的压力才能使1米长的石墨烯断裂。如果物理学家们能制取出厚度相当于普通食品塑料包装袋的（厚度约100纳米）石墨烯，那么需要施加差不多两万牛的压力才能将其扯断。换句话说，如果用石墨烯制成包装袋，那么它将能承受大约两吨重的物品。

长腿的蛋白质

日本早稻田大学的科学家们近日发现，在细胞内被称为"搬运工"的一种极其微小的蛋白质有"用两条腿走路"的机制。这种"搬运工"蛋白质的学名为"阻凝蛋白5"，它的大小仅有万分之一毫米，带有呈倒 V 字形像两条腿一样的部件，在细胞内负责"搬运"载有遗传信息的核糖核酸等。在实验中，科学家先给"阻凝蛋白5"的"腿部"作上标记，再通过显微镜和摄影设备观察它的活动。结果发现，这种蛋白质在移动的时候好像走在固定的轨道上，两只"脚"按一定的方向交替移动。这种蛋白质在约 2 分钟的时间内能移动两千分之一毫米的距离。这一发现对未来开发分子水平的微型机器可能有所帮助。

鲸类的祖先

海洋霸主——鲸类的起源一直以来就是个未解之谜，近日有一项最新的研究表明，这种庞然大物竟然有可能是从一种个头与现代小浣熊类似的陆地动物进化而来的，科学家们通过对这种小型动物的化石考证推测出它们的长相类似生有长尾巴的鹿，但是却没有长角，其外形又酷似大个头的长腿老鼠。科学家们将这种动物称为"印多霍斯"（Indohyus），它的骨骼化石出土于印度克什米尔地区。美国东北俄亥俄大学医学院教授汉斯·史文森认为，这种外形似鹿的动物的化石显示出它正是远古鲸类与它的陆地近亲物种间"缺失的环节"。

细胞自噬

自噬是指细胞分解细胞质等自身构成成分的现象。自噬作用是细胞加速新陈代谢，或者在饥饿时获得能量的一个重要手段。自噬在各种生命活动中发挥着重要作用，比如它可以加速细胞内的新陈代谢，或者在细胞处于饥饿状态时从分解产物中获得能量。自噬过程中，细胞需要一个特殊的"口袋"将有待分解的物质包围并隔离起来，这个叫做自噬体的"口袋"由双层脂质膜构成，但它的形成机制一直是个谜。日本科学家最近研究发现，原来是一种名为"Atg8"的蛋白质在自噬体形成过程中发挥着作用。研究人员发现，"Atg8"和一种磷脂分子结合后，就可以黏合脂质膜，进而形成自噬体。在使用酵母进行的实验中，如果彻底破坏"Atg8"的功能，酵母细胞内就不能形成自噬体，而如果"Atg8"的部分功能受损，酵母细胞形成的自噬体明显比正常细胞的自噬体小。

人工造血

据英国媒体报道，美国先进细胞技术公司的科学家们已在实验室中利用干细胞制造出人造血。倘若这一研究成果能继续推广，人类将从此结束献血，血液可以被源源不断地创造出来，也令输血感染致命病毒的风险不复存在。理论上，这种红血球细胞与正常人体内的红血球细胞没有分别，可输送氧分到身体各个部位。医学界将以最快的速度开始对这种人造血进行临床试验。长远来说，这种血液会取代现时靠热心人士捐出来的血液和血制品，供应给需要输血的人士使用。换言之，有朝一日捐血会变得可有可无。

水翼船为什么能跑得那么快？

在各种交通工具中，船舶航行的速度是比较慢的，大多数船只每小时只能行驶 20 千米～30 千米。可是，有一种船，速度竟然可以达到每小时 100 千米以上，这就是水翼船。水翼船的船底装着宽大扁平的水翼，就像是鸭子的脚蹼。当船在水中速度越来越快时，水翼会受到一种向上的升力，直把到整个船身都托出水面，靠水翼贴着水面滑行。这样，整个船身由于不再受到水的阻力，所以就航行得特别快了。

水翼船

舰艇隐身

地球是一个巨大的磁场，而水面舰艇和潜艇绝大多数是用钢质材料制成的，舰艇处于地磁场中极易被磁化，并在其周围产生方向不同、强度各异的磁物。

潜艇要想有效地对付空中的磁探仪，进行必要的隐身，多采用以下三种方法消磁：一种采用临时线圈消磁法。它是在舰艇周围临时缠绕线圈，并通过强大的电流来改变舰艇永久磁场。另一种采用固定绕组消磁法。它是在舰艇上安装固定消磁绕组，通过直流电，对舰艇磁性磁场进行补偿。固定绕组消磁法不仅可以补偿舰艇磁性磁场的永久部分，而且还可以补偿随航向和纬度而变化的有关部分。再一种采用联合消磁法。这种方法是将临时线圈消磁法和固定线圈消磁法有机地结合起来联合使用：即利用临时线圈消磁来抵消舰艇永久磁性磁场，利用固定线圈来补偿舰艇感应磁性磁场。

除了采用消磁系统外，各国海军还尽可能地使用各种低磁材料来建造船本，以保证舰艇的磁场强度能急剧减小。经过系列"消磁术"后，很多潜艇可在一定程度上达到"隐形匿迹"的目的。

核弹爆炸后为什么会产生蘑菇云？

当一个核装置被引爆时，周围较大范围内都将产生大量的 X 射线、中子、α 粒子等高能粒子，它们不仅具有摧毁四周一切建筑、杀死大范围内一切有生命的物体的本领，更直接的作用是极迅速地加热周围空气。这些高温空气和着大量尘埃在爆炸力和浮力作用下高速升空。最先，它们升空时是形成一道云柱，当云柱升高膨胀后，其顶部空气和尘埃碰到上面的冷空气将开始降温。当这些上升的空气和尘埃降温到同周围空气几乎等温时，它们将减速上升，然后改变运动方向，变成向周围平移，最后逐渐变为下降。由于"云柱"的变化在其顶部的各个方向一般都比较均匀，"蘑菇云"因此得以形成。

蘑菇云

无声手枪在射击时为什么没有声音？

　　无声手枪在射击时并非是完全没有声音，只是声音比较小而已。无声手枪的奥妙是在枪管外面有一个附加的套筒，叫做消声筒。消声筒前半部分长出枪口，其结构有多种。有的是由十几个消音碗连接而成，消音碗好似无底的小碗装在消音筒内，当高压气体从枪口喷出，遇到第一个消音碗，气流便在这里膨胀一次，消耗一部分能量。经过若干次膨胀后，这高压气体到达消音筒的出口时，其压力、速度和密度，已降到和外界空气差不多了。有的是在筒内装有卷紧的消音丝网，枪口喷出的高压气体进入消音丝网，大部分能量就地被其消耗掉。有的将筒的前端采用橡皮密封，弹头由枪口射出，穿过橡皮，橡皮很快收缩，阻止气体外流。有的是在消音筒的出口处安装有像照相机快门一样的机械装置，靠火药气体作用自动打开，将子弹放跑后迅速关闭。还有的消声筒后半部套住的枪管上，开有一些细小的排气孔，放出枪膛内的一部分火药气体，减少枪口处气体压力。此外，无声手枪的子弹也与众不同。它采用速燃火药，发火后燃烧速度很快，从而使枪口处的火药气体相对微弱了。

导弹为什么能自动跟踪目标？

　　导弹和普通炮弹的最大区别，就是导弹本身装有发动机和制导系统。制导系统就好像是导弹的眼睛，它能引导导弹准确地搜寻、跟踪和命中活动的目标。

　　导弹发射后，导弹上的雷达发出电磁波，遇到目标时会发生反射，导弹上的制导系统根据反射波来进行跟踪。由于是导弹主动发射电磁波的，因此这种制导方式被称为主动式制导。

　　有时候，地面或舰艇上的指挥站发出雷达波或激光束，探测到空中的敌方飞机或导弹，然后将信息传输给导弹，再由导弹来跟踪并击毁目标。这种制导方式就称为半主动式制导。

　　而目前使用最多的导弹跟踪目标的方式是被动式制导方式。采用这种方式的导弹本身并不发出任何探测信号，却能灵敏地接收声波、光波、雷达波和红外辐射信号，所以这种制导方式控制信号的来源是最广泛的。只要敌方的飞机、导弹等活动目标发出上述任何一种信号，就会被导弹发现、跟踪并攻击，而导弹本身却很隐蔽。

发射后的导弹

射电望远镜的作用

一般的天文望远镜，只能观测到其他天体发出的可见光，因此叫做光学天文望远镜。它对电波无法接受。所谓射电望远镜，实际上是用来测量从天空中各个方向发来的射电能量的一种天文仪器。它具有高定向性天线和相应的电子设备。因此有人说，射电望远镜与其称它为望远镜，倒不如说是雷达接收天线。

现在世界上最大的射电望远镜，其直径有100米，面积有足球场那么大，真可谓庞然大物。用一般望远镜只能看到可见光现象，而射电望远镜则可以观测到天体的射电现象。

射电望远镜的发明，使天文学有了飞速发展。它揭示了宇宙中许多奇妙现象。例如通过射电望远镜，人们发现了天鹅座 A 的射电星系，它每秒钟发出的射电能量要比太阳每秒钟发出的能量强得多，是迄今发现的最大射电星系，而用光学望远镜对它却是一无所知。此外，用射电望远镜还发现了类星体、脉冲星、星际有机分子和微波背景辐射。可见射电望远镜的作用是很大的。

射电望远镜

哈勃望远镜是什么样的望远镜?

哈勃望远镜长13.3米, 直径4.3米, 重11.6吨, 造价近30亿美元, 于1990年4月25日由美国航天飞机送上高590千米的太空轨道。哈勃望远镜以时速2.8万千米沿寂静的太空轨道运行, 默默地窥探着太空的秘密。哈勃望远镜是有史以来最大、最精确的天文望远镜。它上面的广角行星相机可拍摄到几十到上百个恒星照片, 其清晰度是地面天文望远镜的10倍以上, 其观测能力等于从华盛顿看到1.6万千米外悉尼的一只萤火虫。哈勃望远镜所收集的图像和信息, 经人造卫星和地面数据传输网络, 最后到达美国的太空望远镜科学研究中心。利用这些极其珍贵的太空图像和宇宙资料, 科学家们取得了一系列突破性的成就。

哈勃望远镜

"哈勃"也能称"体重"

近日,美国的科学家宣布,他们首次利用"哈勃"太空望远镜上的仪器精确地测算出了一颗太阳系外行星。这颗行星的代号为"G1876b",科学家利用"哈勃"天文望远镜得出的测算结果显示,它的质量大概为木星质量的1.89至2.4倍。该结果的精确度大大高于早先的估算。

"G1876b"是迄今第2颗质量得到精确测定的太阳系外行星。在这之前,天文学家们曾利用径向速度和通过速度等数据,精确地测算出围绕恒星"HD209456"运转的一颗行星的质量。新研究主要通过测量在"G1876b"的影响下,其围绕运转的恒星轨道所产生的微小摆动来计算行星的质量。这种方法在寻找太阳系外行星的过程中得到广泛的应用,但要用它来较为准确地测定行星质量,还需要高精度的观测仪器。这次,天文学家们借助了"哈勃"天文望远镜上的"精密制导传感器"。该设备是迄今首个能对太阳系外行星进行超精确观测的天体测量工具。

南京紫金山天文台

天文台要依山傍水而建

　　早先天文学家都把天文台一无例外地造在远离尘世的山丘之上。那儿气氛宁静，空气稀薄，气候稳定，大气扰动也较小，晴天自然较多，因此十分有利于光学观测。后来天文学家又发现，水边建台也有它的独到妙处。因为水的比热最大，白天它能吸收大量的太阳辐射，使周围空气的温度不致升得太高；而夜晚又能慷慨放热，使空气温度不致降得太低。这样，水面附近的气温就变化不大，不像易于蒸发而引起空气剧烈流动的陆地。因而在水边建台者亦大有人在。而在美国加州南侧的大熊湖北岸的一个人工岛上建的一个天文台就更妙了。那里湖水海拔 2042 米，平均每年有 300 个晴天，而且其中的 200 多天天空都是湛蓝的，万里无云，最宝贵的是大气极为宁静。在那里照得的太阳照片清晰逼真、精细入微，为同类照片之珍品，这都全仗它那得天独厚的地理环境。

爱国者导弹为什么能拦截飞毛腿导弹？

　　爱国者导弹是美军专门用于拦截高性能飞机、导弹的全空域四联装箱式防空武器。其作战半径最大为 80 千米 ~ 100 千米，最大飞行速度为音速的 5 ~ 6 倍，杀伤半径 20 米，反应时间仅需 1.5 ~ 2 分钟，拦截成功率达 80% 以上。

　　爱国者导弹可以拦截飞毛腿导弹，是由于飞毛腿导弹自身存在致命弱点，爱国者导弹具有与众不同的特殊高效性能和设备，以及美军拥有先进的预警侦察系统。飞毛腿导弹飞行弹道是在地面预先设定的，发射后弹道不能改变。美军指挥中心可由侦察卫星和预警机传送信息，迅速算出飞毛腿导弹的弹道与到达目标时间，启动目标周围的爱国者导弹系统开始搜索，该系统的多功能相控阵雷达捕捉目标过程短，作用距离远，准确性高。爱国者导弹发射系统自动化程度高，反应快，在雷达捕捉到目标后，导弹几分钟之内就能发射出去。这种导弹装有固体燃料发动机，速度很快，采用复合制导系统，精度高，抗干扰能力强，初段按预选程序飞行，中段按雷达指令前进，末段根据飞毛腿导弹反射的雷达波主动寻的，并把测得的导弹与目标的偏角差传给地面，地面制导雷达及时发出指令控制导弹飞行，直至击中目标。

飞行的火箭没有机翼为什么也能改变方向？

飞机上面都装有机翼，包括尾部的升降舵和方向舵。飞行时，利用迎面吹来的气流对机翼和尾舵产生作用力的结果，来改变的飞行姿态。但是火箭没有机翼，它是靠什么来改变方向的呢？原来，火箭改变方向靠的是火箭内部的飞行控制系统。这个系统有两大作用，一是控制火箭向前飞行（由火箭发动机提供推力）；二是控制火箭的姿态（使火箭俯仰、偏航或滚动）。燃气舵安装在发动机喷管的尾部，当发动机燃烧室喷射出来的高速气流作用在舵面上时，就会产生控制力以改变火箭的姿态。摇摆发动机是将发动机安装在可变动推力方向的支架上，用改变推力的方向来达到改变火箭姿态的目的。因此，火箭的外形多是圆柱体，光秃秃的，它虽然没有机翼，但同样也能随心所欲地改变飞行方向。

发射火箭为什么要沿着地球自转方向发射?

　　我们都知道，顺风跑要比逆风跑省力得多，这是因为借助了风这一外力。发射火箭能不能从什么地方借助"一臂之力"，从而使火箭脱离地球引力，逃出地球的"掌心"呢？科学家经过长期研究，终于找到了可以借助的力量，那就是地球自转。地球的自转有一定的线速度，这个速度在赤道最高，越往两极越小，当我们在某地区顺着地球自转发射火箭时，由于惯性，火箭可以获得该地区的自转线速度，加上火箭本身的推力，使火箭能达到很高的速度，挣脱地球的引力飞上天。所以，沿着地球自转方向发射火箭，是为了节省火箭的能量。

火箭

发射火箭时为什么要倒计时?

　　1926 年 3 月 16 日，世界上第一枚液体火箭在美国的马萨诸塞州试制成功。这时，德国的乌发电影公司决定拍摄一部描写太空旅行的科幻故事片——《月球少女》。该片导演弗里兹·朗格为了加强影片的戏剧效果，他别出心裁地在有关火箭发射的镜头中设计了倒数计时发射程序，即"5、4、3、2、1、发射"。没想到的是，这一来自电影画面的火箭发射程序竟引起了火箭专家们的极大兴趣。经过研究表明，这种倒数计时发射程序是十分科学的。它既简单明了，又表述清楚准确，而且还突出地表示了火箭发射准备时间的逐渐减少，使人思想集中、产生准备时间即将完毕、发射就要开始的紧迫感。此后，科学的倒数计时发射程序被普遍采用至今。

五、健康生活

酒的度数的含义

酒的度数表示酒中含乙醇的体积百分比，通常是以 20℃ 时的体积比表示的，如 50 度的酒，表示在 100 毫升的酒中，含有乙醇 50 毫升。表示酒精含量也可以用重量比，重量比和体积比可以互相换算。西方国家常用 proof 表示酒精含量，规定 200proof 为酒精含量为 100% 的酒。如 100proof 的酒则是含酒精 50%。啤酒的度数则不表示乙醇的含量，而是表示啤酒的生产原料，也就是麦芽汁的浓度。比如 12 度的啤酒就是指麦芽汁发酵前浸出物的浓度为 12%（重量比）的啤酒。

酒是"越陈越好喝"吗？

"酒越陈越好"这话并不全对，因为酒只有在一定的条件下，其中的乙酸乙酯才会增多，而乙酸乙酯的增多能够大大增强酒的香味。但是，如果酒坛不经密封或密封条件不好，温度湿度条件不当，时间长了不仅酒精会跑掉，而且还会变酸变馊，使酒酸败成醋。这是因为，空气中存在着醋酸菌，酒与空气接触时，醋酸菌便乘机进入酒中，在醋酸菌的作用下，酒精发生了化学变化而变成醋酸。在我们常见的酒中，啤酒和果酒等很容易酸败成醋，但烧酒如茅台酒、西凤酒、汾酒等情况则有一些不同，因为烧酒中酒精的含量为 50% 左右，这种浓度的酒精具有杀菌作用，使得醋酸菌无法在烧酒中生存和繁殖，因此不会变成醋酸了。

啤酒中的生啤和熟啤是怎么分的？

　　生啤和熟啤是根据啤酒的灭菌情况来划分的。生啤本身又可分为混生啤酒和纯生啤酒。混生啤酒酿造合格后，不经过巴氏消毒（一种特殊的消毒灭菌方法）处理，直接将散装啤酒放到商店销售。

　　混生啤酒的口感优于熟啤，但因其不杀菌，不充氧，如不降温喝到口中的会是无气泡的微苦味水，且在常温下仅能保鲜一两天。而纯生啤酒是在混生啤酒的基础上用现代灭菌设备经过 3 次灭菌过滤，然后封装入专用酒桶内。纯生啤酒口感鲜美、营养丰富，在0℃~5℃条件下可保质30天，这是目前国际上酒质、保鲜期和营养价值最为理想的啤酒，它一般被人们称为"生啤"。熟啤酒与生啤不同之处在于，熟啤是在啤酒酿造合格后，为使其具有较长的保存期，一般要用巴氏灭菌法进行处理，这类啤酒多为瓶装或罐装，与生啤和鲜啤相比，熟啤的口味较差，时间一长还会有老熟及氧化等异味，但其优点是在常温下保质期可达半年。

啤酒

什么是黑啤酒？

黑啤酒，又叫浓色啤酒，酒液为咖啡色或黑褐色，它的原麦芽汁浓度一般为 12～20 度，酒精含量在 3.5% 以上。黑啤酒的酒液突出麦芽香味和麦芽焦香味，口味比较醇厚，略带甜味，酒花的苦味不明显。这种啤酒主要选用焦香麦芽和黑麦芽为原料，酒花的用量较少，采用长时间的浓醪糖化工艺酿成。

黑啤酒的营养成分相当丰富，除含有一定量的低分子糖和氨基酸外，还含有维生素 C、维生素 H、维生素 G 等。黑啤酒的氨基酸含量比其他啤酒要高 3～4 倍，而且发热量很高，每 100 毫升黑啤酒的发热量大约为 100 千卡。因此，人们称它是饮料佳品，享有"黑牛奶"的美誉。黑啤酒起源于德国，目前世界上以慕尼黑啤酒最为著名。

"啤酒肚"是因为经常喝啤酒所造成的吗？

一般人都认为过量饮用啤酒会使人出现大大的"啤酒肚"，但最新研究显示，喝多少啤酒实际上与人的腰围没有关系。欧洲科学家们发现，好饮啤酒者出现啤酒肚乃至肥胖的几率并不比不喝啤酒的人高。虽然啤酒算不上减肥饮料，但也并不是造成饮酒者超重的原因。研究者发现，排除如身体运动及教育等因素，经常喝啤酒的人与那些不喝或者很少喝的人相比，腰围并不会差别较大，且体重也不会更重。

一般来说，青少年有"啤酒肚"往往是因为营养过剩；而对于中年人而言，睡眠质量问题则是主因。随着年龄的增长，男性深层睡眠阶段也随之减少，由于睡眠质量差，激素的分泌会随之减少，激素的缺乏会使体内脂肪组织增加并聚集于腹部，而且年纪越大影响越明显。此外，很多中年人由于长时间坐着办公，缺乏运动，容易形成腹部脂肪囤积。在工作压力较大的情况下，不少人会饮食过量，导致消化不良，这也易造成体重超标。

酒混着喝容易醉

生活中，很多人都有过这样的经历，那就是将不同类型的酒混着喝往往很容易喝醉。这是什么原因呢？英国伦敦国立神经学和神经外科医院一个科研小组的科学家在研究后发现，在通常情况下，一定量的饮用酒精即乙醇并不容易醉人，但是当乙醇同与其化学结构相近的物质如甲醇、丙酮等混合进入人体，对人的神经系统产生作用后就很容易造成醉酒的感觉。所以，当我们将几种酒混着喝时，就容易造成乙醇同与其相似的化学物质相混合，从而容易醉人。

空腹喝酒对身体有哪些危害？

空腹时喝酒，胃内无食物缓解，酒就会直接刺激、侵蚀胃黏膜与肌层，破坏胃酸，抑制胃肠各种消化酶的分泌，减缓胃肠蠕动，易引起恶心呕吐、腹痛腹帐、食欲不振、消化呆滞、便秘。同时，空腹时喝酒，酒精成分吸收得快，对大恼、神经、肌肉、心、肝、肾等脏器和组织影响较大，能导致头晕耳鸣、精神萎靡、倦怠乏力、肌肉颤抖、心跳气短、肝区胀痛、尿黄尿少、尿灼痛等。

经常空腹喝酒，还会发生较严重的慢性疾病，如：胃与十二指肠溃疡、慢性肠胃炎、混合痔、健忘失眠、智力减退、幻觉幻视、神经衰弱、肌萎肤黄、四肢麻木、心动过速、心律不齐、心绞痛、高血压、动脉硬化、肝肿大、肝硬化、肾结石、尿毒症等。由此可知，空腹喝酒对人体造成的危害很多。所以，酒应当在胃中食物未完全消化，即不感饥饿时喝，或在进食一些饭菜后喝，这样可以减轻酒对身体的危害。

水喝多了会中毒吗？

科学家们发现，过量饮用水会导致人体盐分过度流失，一些水分会被吸收到组织细胞内，使细胞水肿，使人体出现头昏眼花、虚弱无力、心跳加快等症状，严重时甚至会出现痉挛、意识障碍和昏迷，即水中毒。特别是夏季旅途中，人们往往玩得忘乎所以、汗流浃背，使体内钠盐等电解质流失的概率增高，如果此时大量饮用淡水而未补足盐分，就会出现头晕眼花、呕吐、乏力、四肢肌肉疼痛等轻度水中毒症状。

要避免水中毒，必须掌握好喝水的技巧。一要及时补充盐分。适当地喝一些淡盐水，以补充人体大量排出的汗液带走的无机盐。二要喝水少量多次。口渴时不能一次猛喝，应分多次喝，以利于人体吸收。每次以 100～150 毫升为宜，间隔时间为半个小时。三要避免喝"冰"水。夏季气温高，人的体温也较高，喝下大量冷饮容易引起消化系统疾病。科学的饮水方法是喝 10℃ 左右的淡盐水，这样既可降温解渴，又不伤及肠胃，还能及时补充人体需要的盐分。

不宜喝反复煮沸的水

我们经常见到有些人把冷开水重新加热烧开，还有些加热型饮水机反复地将水煮烧加热，但是科学家不提倡喝反复煮沸的水，为什么？因为反复煮沸的水中的硝酸盐会形成有毒的亚硝酸盐，使机体中血红蛋白变成亚硝基血红蛋白，失去携带氧的功能。平时，氧气从肺泡弥散进入血液后，立即与血红蛋白结合，形成氧合血红蛋白，随着血液循环，将氧运送到全身各处组织，供组织利用氧。而亚硝基血红蛋白不能与氧结合，不能将氧运送给全身各处组织，从而使人体组织的氧供减少。

人一天需要多少水？

科学家建议，一般一个成年人一天一夜每千克体重需要大约消耗 40 克水。也就是说，如果他的体重是 70 千克，那么他一昼夜的需水量就是 2.5～3 千克。儿童一天所需要的水量，则相对要少一些，一股只有成年人的 1/3 左右。

空腹不宜喝牛奶

营养学家认为，牛奶加鸡蛋是早餐的最佳组合，可是有的人只喝牛奶，不吃其他食物，这就错了。早晨空腹时喝牛奶有许多弊端：由于是空腹，喝进去的牛奶不能充分酶解，很快会将营养成分中的蛋白质转化为能量消耗，营养成分不能得到很好的消化吸收。有的人还可能因此出现腹痛、腹泻，这是因为他们体内生成的乳糖酶少或极少，空腹喝大量的牛奶，奶中的乳糖不能被及时消化，被肠道内的细菌分解而产生大量的气体、酸液，刺激肠道收缩，出现腹痛、腹泻。因此，喝牛奶之前最好吃点东西，或边吃食物边喝牛奶，以降低乳糖浓度，利于营养成分的吸收。

人在剧烈运动之后不宜立即大量喝水

人体中的水是含有一定量的盐分的，人在剧烈运动后，往往会出大量的汗，汗水会带走人体血液中的一部分盐分。如果这时马上喝大量的水，会增加汗的排出量，使盐分损失更多，破坏体液平衡，甚至造成新陈代谢近乎停顿。另外，在剧烈运动后立即大量喝水，还会增加循环血量，从而加重心脏的负担。所以人在剧烈运动后不宜马上喝水，而应该在经过一段时间的休息之后再喝水。

跑步运动

睡觉前不宜喝浓茶

睡眠的主要作用是释放出大量的生长激素，生成许多新细胞，修复受损的细胞。睡眠不良或者长期睡眠不足会影响新陈代谢，导致人体老化，器官功能衰退。如果在睡觉前喝茶，茶叶中的吗啡、茶碱、可可等具有较强的提神兴奋作用，不仅影响睡眠，还会增加小便次数。特别是患有神经衰弱、消化溃疡、冠心病、高血压的病人更不宜在睡觉前喝茶，如果在睡前喝浓茶，则茶叶中过量的咖啡因会导致人体兴奋过度，从而造成心动过速、心律不齐。此外，饮浓茶还会引起便秘。因此在睡前尽量不要喝茶，更不宜喝浓茶。

隔夜茶不能喝

　　中国是茶的故乡，有历史悠久的茶文化。茶一直是我们生活中非常喜爱的饮品。饮茶好处很多，但需要注意的是，喝茶最好是现泡现喝，尽量少喝冷茶，更不要喝隔夜茶。这是因为隔夜茶含有影响健康的物质。茶叶中含有茶碱、咖啡因、鞣酸和微量元素氟等，这些都是对人体健康很有益的物质。但另外，茶叶中还含有茶多酚类物质，这种物质在空气和水中极易氧化成棕色的胶状物——茶锈。茶锈中含有镉、铅、铁、砷、汞等多种物质。没有喝完或久留在茶杯中的茶水，如隔夜茶，暴露在空气中的时间越长，茶多酚氧化成茶锈的量也越多。茶锈进入人体之后，就会与食物中的蛋白质、脂肪和维生素等结合、沉淀，阻碍营养物质的吸收和消化。这些氧化物质一旦进入人体，还可使，肾脏、肝脏和胃等器官发生炎症、溃疡、坏死等病变。所以，隔夜茶不能喝，而且茶具也应经常擦洗。

茶壶

吃饭时要细嚼慢咽

吃饭的时候，反复细嚼的过程中，由于条件反射，胃、肠、胰、胆便开始转入活动状态；待食物咽下后胃、肠、胰胆的分泌或蠕动便可以进入到活跃状态之中，使消化过程顺利进行，不至于产生嗳气、吐酸水、胆汁逆流等病理反射。这就像游泳运动员在岸上先做准备活动一样重要。

此外，细嚼慢咽还可以更好地刺激位于口鼻中的感受器官。这些感受器官能够让我们更好地体会食物的质地、温度、香气和味道，从而更充分享受食物所带来的乐趣。而且，咀嚼是消化的第一步，能够分解食物并有效地发挥唾液的作用，从而减轻了胃的工作，有利于食物的消化和身体健康。

吃太烫的饭对身体有什么害处？

人的口腔、食管和胃黏膜的耐受温度为 $50℃ \sim 60℃$。太烫的汤饭除了会使口腔和舌黏膜烫伤外，有时还会造成食管黏膜烫伤。损伤的食管黏膜坏死，形成假膜，脱落后就成为溃疡。这种溃疡愈合后，能形成瘢痕，造成食管狭窄，影响正常的进食，这是食管炎的一种。得这种病的人，常觉胸骨后面疼痛和有灼热感，有时会出现吞咽困难的症状，还可引起急性单纯性胃炎。而且，经常吃热烫的汤饭与食管癌的发生亦有关系。科学家研究发现，在食管癌高发区，多数患者有爱吃烫食的习惯。因此，为了避免对口腔、食管黏膜的烫伤，减少食管炎、急性胃炎、食管癌的发生，应养成良好的饮食习惯，不要吃热烫的汤饭。

吃剩饭对身体有害吗？

我们常吃的米饭中所含的主要成分是淀粉，淀粉经口腔内的唾液淀粉酶水解成糊精及麦芽糖。经胃进入小肠后，被分解为葡萄糖，再由肠黏膜吸收。淀粉在加热到60℃以上时会逐渐膨胀，最终变成糊状，这个过程称为"糊化"。人体内的消化酶比较容易将这种糊化的淀粉分子水解。而糊化的淀粉冷却后，就会产生老化现象。老化的淀粉分子若重新加热，即使温度很高，也不可能恢复到糊化时的分子结构，而人体对这种老化淀粉水解和消化能力都大大降低。所以，长期食用这种重新加热的剩饭，就容易发生消化不良甚至导致胃病。因此消化功能减退的老人、幼儿或体弱多病者以及患有胃肠疾病的人，最好不吃或少吃变冷后重新加热的米饭。另外，含淀粉的食品最容易被葡萄球菌污染，而剩饭又最适合葡萄球菌生长和繁殖，因此，吃剩饭容易引起食物中毒。

早饭要吃好

清晨，人经过一夜长达10～12小时的消化、休息和睡眠，头天晚上摄取的食物已经消化吸收了，需要补充热量和营养。所以，从营养的角度看，早饭是一天当中最重要的一顿饭。有科学家的研究表明，高蛋白的早餐，可使血糖在15分钟之内由空腹时的70%～80%毫克上升到140%～150%毫克，使人能有充沛的体力与精力投入工作。而如果马马虎虎吃上一点食物，不到中午有人就会出现心慌、出汗、无力等现象，以致注意力不集中，工作效率下降。所以，为了满足人体的营养需要，早餐最好含有40～50克的蛋白质，并且所含的热量不要少于全天热量的1/3。

早餐要有营养

午饭要吃饱

到了中午，人经过一上午的活动，从早餐中得到的热量已经消耗殆尽，迫切需要从食物中得到补充。同时，中午不仅是人体一天中消耗热量最多的时候，而且还要为下午准备需要的热量，因此中餐一定要吃饱，才能摄取到足够的热量。据科学家的计算，一般人午餐的食量（或热量）应占全天的40%～50%，也就是说要占全天的一半。其中，蛋白质30～40克，糖180克，脂肪30克左右。

晚饭不要吃太饱

晚饭吃得过饱易使人体发胖。晚餐后，人体的血糖和血中氨基酸、脂肪酸浓度必然增高，而且晚上一般活动少、能量消耗少，使糖类和蛋白质在酶的作用下大量转化成脂肪，沉积于组织中，因而使人逐渐发胖。同时，晚餐过饱会妨碍睡眠。这是因为，胀满的胃肠势必压迫周围的脏器，加之消化系统的器官需要进行较多的活动以消化食物，于是胃、肠、肝、胆、胰等脏器就会产生信息并传入大脑，使大脑相应部位的细胞兴奋起来。这种兴奋再扩散到大脑皮层的其他部位，使本应处于抑制状态的细胞又活跃起来，致使人出现了失眠或睡眠不实与做梦等现象，第二天就会使人感到精神不振，无法消除疲劳，时间久了，会加速人体的衰老。

人吃饱了就想睡

吃饱后，进入胃内的食物，要被胃进一步机械搅拌和粉碎，同时要和胃分泌的消化液——胃液充分混合，然后被送入十二指肠，然后进入小肠，进行充分的消化和吸收。在对食物进行消化和吸收的过程中，一方面，胃的运动和肠的运动加强；另一方面，消化腺的分泌增强。体内的血液必然要向胃、肠部位集中，来帮助食物的消化和吸收。于是胃、肠部的血液供应增加，从而导致流向头部和四肢的血液量减少，从而使大脑供血不足，自然就会感到困了。

吃饭时不要大声说笑

咽是消化道和呼吸道共有的一部分。也就是说，我们的消化道和呼吸道经咽喉相通。那为什么我们平时吃东西的时候，食物没进入气管呢？这其实就是会厌的功劳了。会厌是喉的一个组成部分。当吞咽时，喉上升，舌根后压会使会厌盖在喉的入口处，不让食物进入气管。如果吃东西时大声说笑，会厌会来不及盖住喉的入口，食物就会误入气管，引起剧烈的咳嗽，从而影响呼吸。

饭后不要立即做剧烈运动

运动与进餐有很密切的关系。健身运动虽然不必像运动员那样严格地安排运动与饮食时间，但饭后一段时间内不要剧烈运动，原因主要有以下四个：

首先，饭后胃肠、肝脏、胰腺等消化器官正处于功能活动旺盛时期，大量血液集中到这些器官，而运动时四肢的需氧量增加，需向肌肉输送大量的血液。因此饭后运动会使消化器官供血减少，致使不能顺利地进行食物的消化、吸收。

其次，饭后一个时期，副交感神经紧张，胰腺分泌的胰岛素增加，被吸收的糖合成糖元，作为能源贮存起来。这一时期如果运动，交感神经就会紧张起来，肾上腺的分泌就会增加，影响糖元的贮存。可见植物性神经系统和内分泌系统在饭后和运动时的机能正好相反。饭后运动时要求两个体系一起兴奋工作，造成两个调节系统的紊乱，会破坏身体的正常工作节奏。

再者，饭后食物在胃内停滞，如果进行剧烈运动，胃由于动力作用引起摆动，这种刺激容易引起恶心、呕吐、腹痛等。

最后，从效果上来说，饭后训练也是不适宜的。

上述都说明饭后应休息一段时间再开始运动，大强度运动应在 2 小时后；中等运动在 1 小时后；轻运动也需休息半小时后进行。

吃什么就能补什么

　　有些食品会对身体有针对性的补养，比如吃排骨可以补钙强骨，但其实在大多数的情况下，并不是吃什么就能补什么的。众所周知，肉类食品的主要成分是蛋白质和脂肪，以猪为例，不管是猪头、猪蹄，还是猪肝、猪肚，其实它们的成分没有太大的差别。吃什么补什么，在古今有了很大的差别。在过去，有些病人常常会因"吃什么就补什么"痊愈，是因为以前的人们生活水平比较低，营养缺乏，吃一些营养成分比较高的食品，会强健身体，而强壮的身体本身就是对疾病最好的防御。比如一个体弱的人被中医诊断肝火太旺，吃猪肚和吃猪肝都会对身体有好处，都可能消除病痛。但是对于今天患有脂肪肝的人，这些高脂肪的食品都会成为加重病情的杀手。所以现代人应该有科学的饮食观，而不应该迷信"吃什么就能补什么"了。

鸡蛋和鸭蛋哪个营养更高？

鸭蛋和鸡蛋一样地富有营养。首先，鸭蛋中蛋白质的含量和鸡蛋是一样的，每500克鸡蛋或鸭蛋中蛋白质差不多都是45～70克，有时鸭蛋反而比鸡蛋多些。其次，脂肪的含量鸭蛋中不但不比鸡蛋少，反而超过了鸡蛋，每500克鸡蛋中大概有脂肪65克，而500克鸭蛋中的脂肪可以超过70克。至于鸭蛋中各种矿物质的总量更超过鸡蛋很多，特别是身体中迫切需要的铁和钙在鸭蛋中更是丰富。鸭蛋中几种重要的维生素，一般来说都和鸡蛋差不多，而且维生素 B_2，在鸭蛋中要比鸡蛋中多1/5以上。维生素 B_2 是一种很容易缺乏的维生素，如果多吃鸭蛋就比吃鸡蛋得到的更多。中医认为，鸭蛋味甘，性凉，有大补虚劳、滋阴养血的功效。对水肿胀满、阴虚失眠等症有一定的治疗作用，外用可以治疗疮毒。只是鸭蛋吃起来有些腥气，所以，很多人不太爱吃。

鸡蛋和鸭蛋

吃辣椒对人体有好处吗？

　　辣椒的营养比较丰富，尤其是维生素 C 的含量很高，在蔬菜中名列前茅，100 克辣椒中就含维生素 C105 毫克。辣椒还有重要的药用价值。吃饭不香，饭量减少时，在菜里放上一些辣椒，就能改善食欲，增加饭量。单独用少许辣椒煎汤内服，可治因受寒引起的胃口不好、腹胀腹痛。用辣椒和生姜熬汤喝，又能治疗风寒感冒，对于兼有消化不良的病人，尤为适宜。

　　辣椒虽然富于营养，又有重要的药用价值，但食用过量反而危害人体健康。因为过多的辣椒素会剧烈刺激胃肠黏膜，使其高度充血、蠕动加快，引起胃疼、腹痛、腹泻并使肛门烧灼刺疼，诱发胃肠疾病，促使痔疮出血。因此，凡患食管炎、胃肠炎、胃溃疡以及痔疮等病者，均应少吃或忌食辣椒。由于辣椒的性味是大辛大热，所以火眼、牙疼、喉痛、咯血、疮疖等火热病症，或阴虚火旺的高血压病、肺结核病，也应慎食。

辣椒

海苔的营养

海苔就是紫菜，属红藻门，红毛藻科。藻体有紫色或红色，由单层或两层细胞构成薄膜，有叶形、心形、带形等。海苔下部的假根状固着器附着在岩石上，高可达 20～30 厘米。海苔雌雄异体，繁殖过程较复杂，由紫菜、丝状体、小紫菜这三个阶段构成。海苔主要成分有约 50% 的碳水化合物，约 30% 的粗蛋白，维生素 A、B、C 丰富，并含碘、磷、钙等，是中国人常用食物，在我国沿海都有分布。

烧焦的动物脂肪能吃吗？

美国一位医学专家研究证实，任何动物脂肪烧焦后都不能吃，像鱼、肉，特别是那种火烧羊肉串之类的动物脂肪。这些动物脂肪烧焦后，会产生一种物质，这种物质有较强的致癌作用，与人体间的脱氧核酸结合，能引起细胞突然变异，导致癌症的发生。老年人和小孩免疫功能较低，尤其是部分老年人，还不同程度患有多种慢性疾病，若吃了烧焦的动物脂肪，（鱼、肉、鸡常见）更容易诱发癌症。

多吃盐会使血压升高

食盐的主要成分是氯化钠，钠离子和氯离子都存在于细胞外液中，而钾离子存在于细胞内液中，正常情况下内液和外液维持平衡。当钠和氯离子增多时，由于渗透压的改变，引起细胞外液增多，使回心血量、心室充盈量和输出量均增加，可使血压升高。细胞外液中钠离子增多，细胞内外钠离子浓度梯度加大，则细胞内钠离子也增多，随之出现细胞肿胀。小动脉壁平滑肌细胞肿胀后，一方面可使管腔狭窄，外周阻力加大；另一方面使小动脉壁对血液中的缩血管物质（如肾上腺素、去甲肾上腺素、血管紧张素）反应性增加，引起小动脉痉挛，使全身各处细小动脉阻力增加，血压升高。

目前世界范围内的许多盐与高血压的关系资料均表明，人群摄入食盐量越多，血压水平越高。我国的研究情况也显示，北方人食盐的摄入量多于南方人，高血压的发病率也呈北高南低趋势。

要常吃粗粮

粗粮是相对我们平时吃的精米白面等细粮而言的，主要包括谷类中的玉米、小米、紫米、高粱、燕麦、荞麦、麦麸以及各种干豆类，如黄豆、青豆、赤豆、绿豆等。由于加工简单，粗粮中保存了许多细粮中没有的营养。比如，含碳水化合物比细粮要低，含膳食纤维较多，并且富含 B 族维生素。同时，很多粗粮还具有药用价值：如荞麦含有其他谷物所不具有的"叶绿素"和"芦丁"，可以治疗高血压；玉米可加速肠部蠕动，避免患大肠癌，还能有效地防治高血脂、动脉硬化、胆结石等。因此，人们应该多吃粗粮。

粗粮食品

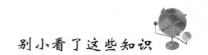

多吃萝卜有好处

萝卜中含有葡萄糖、胆碱、氢化黏液素等多种药物成分。中医认为，萝卜味甘性平，有健胃、消食之功，对消化不良、久痢、便秘、咳嗽、小儿麻疹等有一定的疗效。空腹喝萝卜汁胃肠易吸收，能促进红血球旺盛，有利于清理汗腺污垢，调整体温，使皮肤清洁健康、嫩滑光润，对美容健肤有意想不到的功效。萝卜籽还能治疗消化不良。

胡萝卜和白萝卜放在一起食用科学吗？

许多餐厅或家庭都喜欢把胡萝卜和白萝卜切成块或丝做成红白相间、色香味俱全的小菜，这样不仅看起来美观，吃起来也爽口。其实，这种吃法不科学。因为，虽然白萝卜的维生素C含量极高，对人体健康非常有益，但是一旦和胡萝卜混合在一起，就会导致其中的维生素C被破坏。其原因是胡萝卜中含有一种叫抗坏血酸的解酵素，它会破坏白萝卜中的维生素C。其实不仅是和白萝卜，胡萝卜与所有的含维生素C的蔬菜配合烹调都会充当这种破坏者。另外除胡萝卜之外，胡瓜、南瓜等也含有类似胡萝卜的分解酵素。所以，当胡萝卜和维生素C含量较高的蔬菜一起烹调时，最好加一些食用醋，因为食用醋能够有效地削弱抗坏血酸的这种破坏作用。除食用醋之外，西红柿、茄子等也含有削弱抗坏血酸这种破坏作用的物质。

胡萝卜为什么被称做"小人参"?

　　胡萝卜又名"金笋"、"小人参",不仅含有天然的橙黄色色素,而且具有芳香甜味。它的营养价值很高,含有丰富的无机盐、维生素,尤其是含有丰富的胡萝卜素,每百克含 4130ug。胡萝卜素是转化维生素 A 的原料,人吃胡萝卜后,胡萝卜素被小肠壁吸收,进入肝脏,受胡萝卜素酶的作用,变成维生素 A,因此胡萝卜素又称维生素 A 源。

　　维生素 A 除能够维护人体上皮细胞组织的健康外,还具有防止多种类型上皮肿瘤的发生和发展的作用。因为肿瘤细胞的发生与上皮细胞分化能力的丧失有关,而维生素 A 能使上皮细胞分化成特定组织,使肿瘤前期细胞进行修补,自行恢复正常。科学家的研究表明,体内维生素 A 含量低的人比有较高维生素 A 水平的人患癌的危险性超过两倍。因此为预防癌症的发生,应该多吃胡萝卜。胡萝卜素是脂溶性维生素,最好与肉和油脂一起烹调食用才能被身体吸收,而不宜生吃胡萝卜。

胡萝卜

油炸食品不能多吃

很多人都喜欢吃炸猪排、炸鸡腿、炸土豆条等油炸食品。油炸食品又香又脆，确实很好吃，但是从健康的角度来考虑，油炸食品不宜多吃。这是因为：一、油炸食品不容易消化，多吃容易得胃病。高温食品进入胃内会损伤胃黏膜而得胃炎。此外，油脂在高温下会产生一种叫"丙烯酸"的物质，这种物质很难消化。多吃油炸食物会感到胸口发闷发胀，甚至恶心、呕吐，或者消化不良。二、食物油炸之前外表常常要裹上一层面粉浆。在高温下，面粉中的维生素 B_1 全被破坏掉了，所以长期吃油炸食品会发生维生素 B_1 缺乏症。三、油在高温下反复使用会产生一种致癌物质。不少家庭习惯把炸过食品的油存放起来，反复使用，这种做法对身体是非常有害的。四、容易导致身体发胖。正常情况下，一天膳食中由脂肪提供的热能应该占全天热能总量的25%～30%。但是经常吃油炸食品的人，每天由脂肪提供的热能明显超过上述指标，因此很容易出现肥胖。

常吃豆类食品有益健康

　　豆制品富含蛋白质，其含量与动物性食品相当。例如，豆腐干的蛋白质含量相当于牛肉，达20%左右。同时，豆制品中含有一定量的脂肪，但这些脂肪是优质的植物油脂，其中富含人体必需的脂肪酸和磷脂，不含胆固醇，对人体健康有益。此外，豆制品还是矿物质的良好来源。大豆本身含钙较多，而豆腐以钙盐为凝固剂，因此豆腐的钙含量很高，是膳食中钙的重要来源。大豆中的微量元素基本上都保留，在豆制品中，因此素食者往往用大豆制品代替动物性食品。

　　不过需要注意的问题是，虽然豆类食品中蛋白质、不饱和脂肪酸和 B 族维生素含量丰富，但是与动物性食品相比，大豆制品不含维生素 B_{12} 铁的含量和生物利用率也不及肉类，因此最好和其他食物搭配食用。

豆类食品

鸡蛋是煮熟了吃好，还是生吃好？

科学家研究发现，生鸡蛋里含有"抗生物素蛋白"和"抗胰蛋白酶"。抗生物素蛋白能够阻碍生物素的吸收，而抗胰蛋白酶则会破坏胰蛋白酶，而影响蛋白质的消化。鸡蛋经过煮熟以后，这两种物质就被破坏了。而且鸡蛋经过烹调以后，味美可口，促进食欲，促使消化液的分泌，这样就容易消化吸收。除此之外，生鸡蛋还带有一股腥味，吃起来没有熟鸡蛋香，从而影响消化液的分泌，不容易被消化吸收。另外，生鸡蛋壳上和鸡蛋里，有许多肉眼看不见的病菌和病毒，如果生吃鸡蛋，还会患病。所以，还是吃熟鸡蛋好。

发芽的马铃薯不能吃

成熟新鲜的马铃薯是无毒的，但是进食大量发芽的马铃薯或者青色发绿及未成熟的马铃薯，就会引起中毒。为什么呢？原来，马铃薯内含有一种叫龙葵素的毒素。每 100 克中含有龙葵素高达 10 毫克左右，人们吃后不会引起中毒。但当马铃薯发芽或者表皮变色，龙葵素的含量则明显增多，每 100 克中含有龙葵素 500 毫克以上，是正常的 50 倍。龙葵素是一种弱碱性糖苷物质，食入后易引起中毒，龙葵素对人体粘膜具有腐蚀性及刺激性，对中枢系统有麻痹作用，能破坏血液中的红细胞，甚至引起脑组织充血，水肿。食入发芽和未成熟的马铃薯后，约在 10 分钟到 2 小时左右发病，中毒者先感到咽喉部及中腔烧灼和疼痛，接着出现恶心、呕吐、腹痛、腹泻或全身麻木、喉咙急迫感、四肢无力，严重的发生双睑下垂、血压下降、心律失常、瞳孔散大、呼吸困难、昏迷等症状。

马铃薯

有的黄瓜为什么很苦？

　　黄瓜肉脆汁多，并且带着一丝淡淡的甜味，生吃尤其清凉可口，煮熟了吃，甜中带脆。但并不是每条黄瓜或者黄瓜的每个部分都是味甜肉脆的，甚至有的整条黄瓜或接近瓜柄的地方都很苦。这是什么原因呢？原来，野生的黄瓜体内通常含有一种很苦的物质叫糖甙，糖甙可以防止其他动物吃掉它的种子，从而大大有利于后代的繁殖。随着农业的不断发展，劳动人民慢慢学会了栽培黄瓜。在长期人工选择下，黄瓜渐渐向人需要的方向不断发展，苦味物质渐渐消失，但是也有很多黄瓜的瓜柄处还残留少许的糖甙，所以尝起来会很苦。

橘子

大蒜是良药

　　大蒜是人们生活中不能缺少的一种蔬菜，因为它有一股特别的味道，因此一般是被当成调味品来用的。家里烧鱼时，一般都要加几瓣蒜，这样不但可除去鱼的腥味，而且可以增加一股特别的香味。

　　大蒜更加重要的用途就是杀菌。酱油夏天爱起花长毛，我们放进一些蒜泥，就可杀死酱油里的细菌，这样就不会长毛了。这是因为大蒜里含有一种物质——大蒜辣素挥发油，简称"蒜素"。蒜素具有相当强的杀菌消毒的本领。假如把大蒜捣成泥，然后取出蒜汁，在电子显微镜下观察，所有经过沾蒜汁的地方，细菌通常要比没有沾过蒜素的地方少许多。科学家也通过测定指出，蒜素的杀菌能力居然是青霉素的几十甚至上百倍。正是因为大蒜强大的杀菌能力，因此古今中外人们都把大蒜视为良药。

六、人体奥秘

人的皮肤有多厚？

皮肤是人体最大的器官，就好像是人体的一层包袱。皮肤大部分厚度在 0.5~4 毫米之间。其中，表皮厚度约为 0.1 毫米，真皮厚度是表皮厚度的 10~15 倍。

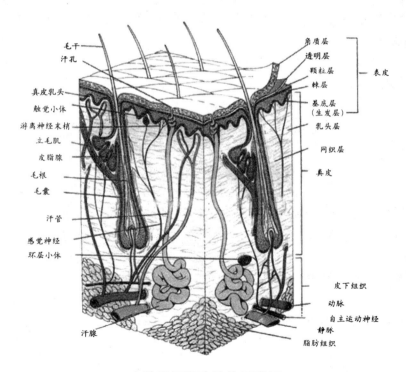

皮肤组织细胞结构示意图

皮肤为什么被称作人体的"空调器"？

　　人体的皮肤是被称作人体的"空调器"，是因为当天气温暖时，皮下血管扩张，血液流经时，皮肤把热量辐射散发出去，以保持体温的恒定。而剧烈运动时，肌肉活动释放的热量相当于安静时的 10 ~ 15 倍，要是这些热量不及时散发出去，就足以使全身的血液沸腾。这时就要紧急开动全身皮肤上的 250 万个汗腺，结果我们会大汗淋漓，靠汗水的蒸发带走热量。而当环境寒冷时，皮下血管收缩，皮肤上出现"鸡皮疙瘩"，就会形成一个微保温层，尽量减少热量的损失。皮肤的这种自动调节人体体温的功能，活像装在人体上的一个"空调器"。

皮肤细胞可以透露人的作息习惯

　　瑞士科学家最近发现，通过简单的皮肤检测，可以获知一个人的作息习惯。人体每个细胞都含有"时钟"，下丘脑则起着"中央时钟"作用，协调其他细胞的"时钟"与之同步，以发挥作用。科学家从志愿者身上提取了皮肤细胞，向其注入一种特定基因后，形成亮度会随一天时间变化而改变的"生物钟"。结果他们发现，起床越早的人细胞发亮时间越短，反之则越长。科学家们认为，这一研究可帮助医生深入了解一些患者生物钟紊乱的原因、做出准确诊断，实施更加有效的治疗。

人体的皮肤上到底有多少细菌？

我们的皮肤上究竟住了多少微生物"房客"呢？科学家们展开细菌大追踪，结果总共找出182种。这些细菌全都在几个健康人的前臂皮肤上发现，当中8%更是闻所未闻的新品种。而科学家指出，真正的数目可能更多，估计有250多种，当中有"长住"的，有些则只是路过"串门"。不过我们不用怕，因为科学家们发现，活在我们体内的，绝大部分是"好"细菌，还挺热心地一直帮助我们这些"房东"。如果没有这些好细菌，我们根本活不下来。所以，科学家们建议我们不应过于频繁地清洁身体，因为这样只会洗掉我们的保护层而已。

桃 花 癣

春暖花开之际，有些孩子和青年男女的脸上，会有一片片发白或淡红色的色斑，表面上有细小鳞屑附着，有时会出现瘙痒症状。由于这种现象发生在桃花开放的春季，故被人们俗称为"桃花癣"。那么"桃花癣"是怎么形成的呢？这主要是春天人们皮肤的新陈代谢变得十分活跃，皮脂腺和汗腺的分泌物日渐增多，同时春暖花开适宜于花粉、细菌、病毒等微生物的繁殖和传播。这些东西随着阵阵春风到处飘扬，飘落到了人们细嫩的皮肤上，经阳光中紫外线照射溶解后被皮肤吸收而发生变态反应。所以"桃花癣"与医学上所说的癣完全是两码事。

碰伤的皮肤为什么会乌青?

乌青是皮肤血管破裂引起皮下溢血的结果。人体皮肤里血管非常多,血管的特点是管腔细小而管壁薄。这些小血管是经不起外界压力的。如果跌一跤只是臀部着地,一般不会发生乌青块,因为臀部皮下脂肪多,缓冲作用大。如果小腿前面或者手臂外侧等皮脂肪少、骨头与皮肤紧贴的地方受到碰击的话,那就必然会出现乌青块。因为皮肤受到外力的突然袭击,它后面又是硬邦邦的骨头,缺少厚软的皮下脂肪作缓冲,皮下组织内的血管就会破裂,从血管中流出血来。这些血液因为受到皮肤的阻挡而无法流到体外,只能聚集在破碎血管的周围,看上去便成为青黑色了。这就是乌青块形成的原因。

不同的人种为什么会有不同的肤色?

人类皮肤的颜色不同,是进化过程中适应自然的结果。皮肤的颜色。主要是由皮肤内黑色素的多少决定的。黑色素是一种黑色或棕色的颗粒,能阻挡阳光中对人体有害的紫外线。在高寒的北欧,人们不会受到烈日的曝晒,身体里的黑色素很少,因而呈现白色;居住在赤道附近的非洲人,由于皮肤常受强烈日光的照射,体内就产生大量的黑色素,所以非洲人皮肤呈黑色或棕黑色;而黄种人一般聚居在温带地区,所以皮肤的颜色也较浅,呈现黄色。

雀　斑

　　"雀斑"是一种发生在面部的皮肤损害，呈斑点状。最常见的发生部位是双颊部和鼻梁部，也可泛发至整个面部甚至颈部。雀斑是由遗传基因引起。"雀斑遗传基因"在紫外线的照射下，基底层的酪氨酸酶活性增加，形成黑色素即雀斑，也叫基因斑。遗传性雀斑分显形斑和隐形斑，显形斑大约在 6～12 岁时开始形成，18 岁左右到达高峰；而隐形斑则大多在妊娠反应后现于面部，这个原因就是为什么有人把雀斑分为先天雀斑和后天雀斑的原因。其实怀孕后孕妇的内分泌会起很大变化，会刺激隐藏的雀斑爆发出来，而不是说其雀斑是后天长的。只要是雀斑就是由遗传基因引起。雀斑的遗传有隔代遗传这种特性，这也就是为什么有的父母双方都没有雀斑，而其孩子却会长雀斑的原因。

胎　记

　　胎记在医学上称为"母斑"或"痣"，是皮肤组织在发育时异常的增生，在皮肤表面出现形状和颜色的异常。胎记可以在出生时发现，也可能在初生几个月后才慢慢浮现。胎记一般可分为色素型及血管型，常见的色素型包括太田母斑、先天黑色素母斑、咖啡牛奶斑等，血管型则包括葡萄酒色斑、草莓样血管瘤等。新生儿的胎记发生率约为 10%，可以说是非常普遍，大部分的胎记只是影响美观，不需要特别处理。但是有些胎记会合并身体器官的异常，甚至有恶性变化的可能，必须积极治疗。例如有些海绵样的血管瘤增生过快，会造成肢体残缺，不只外观不好看，还造成功能障碍。甚至血管瘤扩张速度太快时，会形成组织坏死，过度消耗血小板而使凝血机能低下，出血不止。有些长了毛的兽皮样黑痣，可能日后发生恶性黑色素瘤的癌变，癌细胞转移后导致死亡。

人的大脑

大脑在人体的最高位置，占据了颅腔的大部分。那么人的大脑到底是什么样子的呢？人的大脑像一团核桃仁状的豆腐脑一样，看上去非常柔软。大脑的表层称为大脑皮质，是由 100 多亿个神经细胞组成的。皮质向下凹陷形成脑沟，向上隆起形成脑回。人大脑皮质的表面积约在 2200 平方厘米，其中 1/3 可在表面看到，其余隐藏在沟、裂之中。

正常人的脑重

一个健康的成年人，男性的脑重只要不低于 1000 克，女性的脑重不低于 900 克，就不会影响智力的发展。

人脑的优势半球

人类大脑左、右半球的功能基本相同，但各有特化方面，通常与从事语言文字方面的特化功能有关的称为优势半球；与从事空间感觉、美术、音乐等方面的特化功能有关的称为非优势半球。优势半球多数为左半球。优势半球有说话、听话、书写和阅读四个语言区：运动性语言中枢（说话中枢），听觉性语言中枢（听话中枢），书写中枢，视觉性语言中枢（阅读中枢）。

小脑的作用

小脑在脑干的背侧，大脑半球后部的下面。成人小脑约重 150 克，约占脑重量的 10%，表面积约 1000 平方厘米，约为大脑皮质的 400%。小脑是调节运动的中枢，主要功能是调节肌肉的紧张程度，维持身体姿势和平衡，顺利而精确地完成随意运动。小脑损伤时不会出现随意运动丧失（即瘫痪），但在运动的精确性和维持平衡上会出现障碍，如运动时，在控制速度、力量和距离上的障碍；肢体运动时，非随意有节奏的摆动，趋向动作目标时加剧；行走时两腿间距过宽，东摇西倒等。

人的脑子是越用越好使吗？

科学家研究证明，人的大脑皮层大约有 140 亿个神经细胞，神经细胞也叫"神经元"。有人计算过，人经常运用的脑神经细胞只不过 10 亿多个，还有 80%～90% 的脑神经细胞没动用。"生命在于运动"，这是生物界的一个普遍规律。勤于用脑的人，脑血管经常处于舒展的状态，脑神经细胞会得到很好的保养，从而使大脑更加发达，避免了大脑的早衰。相反，懒于动脑的人，由于大脑受到信息刺激少，容易引起早衰。科学家观察了一定数量的 20～70 岁的人，发现长期从事脑力劳动的人，到了 60 岁时仍能保持敏捷的思维能力。而在那些终日无所事事、得过且过的懒人当中，大脑早衰者的比例大大高于前者。所以说，人的脑子是越用越好使的。

脑袋大就一定聪明吗？

在动物世界中，类人猿的智力名列前茅，但它们的脑重远远不及人类。不过在脑子的重量上，人也不是首屈一指的，鲸鱼和大象的脑子就比人重好几倍，而它们的智力却远远不如人类。事实上，人的大脑中有许多沟回增加了大脑皮层的面积，增加了大脑皮层的细胞数量。所以，脑袋小不一定大脑细胞少，脑袋大的也不一定大脑细胞多，更何况人的聪明才智，在很大程度上取决于他所受的教育和训练。

人的大脑活动规律

人的大脑在一天中有一定的活动规律：一般来说，上午8时大脑具有严谨、周密的思考能力；下午3时思考能力最敏捷；晚上8时记忆力最强；推理能力在白天12小时内逐渐减弱。

根据这些规律，早晨刚起床，人的想象力较丰富，就抓紧时间捕捉一些灵感，做些构思工作，同时也可以读读语文和背诵英语单词。另外由于早晨空气新鲜，可以参加一些体育锻炼；上午一般可以做一些严谨的工作，上课认真听讲，做好课堂笔记；下午除听课外，要快速准确做好当天的笔头作业；晚上加强记忆和理解，预习第二天功课。而中午、傍晚的空隙时间就安排一些不费力的事务性工作，如看看报纸、收集写作素材、散步和休息等。

人是通过左脑来过滤噪音的吗？

日本、加拿大和德国的研究人员们通过研究发现，人们的左脑能够从乱七八糟的刺耳声音中，通过过滤噪音，挑出自己想要的声音。在人声嘈杂的环境中，大脑左半球一般在听觉处理方面占主导地位。科学家们让志愿者接触不同的测试声音和背景声音组合。他们利用神经影像学技术观测了这些志愿者的神经机制。通过观测后科学家们发现，当测试声音传给左耳或者右耳时，同时把制造的噪音传给同一只耳朵或者另一只耳朵。通过监测大脑对这些不同声音组合的反应后发现，要在人声嘈杂的环境中处理声音，相关的大部分神经活动所在区域是大脑左半球。

人脑是怎么判断"公平"的？

瑞士苏黎世大学的科学家发现人脑的背外侧额叶前部皮层（DLPFC）是负责公平行为的区域。科学家们在研究中，让受测试者玩一种名叫"最后通牒"的游戏。在游戏中，两个人必须就如何分配一笔款子达成一致。如果一人拒绝另一人的报价，两个人都将一无所得。在游戏中，科学家使用一种名叫"重复经颅磁刺激"的非侵入性技术来打扰受测试者的背外侧额叶前部皮层。结果发现，如果打扰受测试者的右背外侧额叶前部皮层，他们会更频繁地接受不公平的报价，而不会通过拒绝报价来惩罚出价者，而打扰受测试者的左背外侧额叶前部皮层则不会产生这种效果。

人的头发生长速度有多快？

　　头发的生长是与毛囊分不开的，毛囊的存在是保证头发生长更换的前提。在生长期，毛囊功能活跃，毛球底部的细胞分裂旺盛，分生出的细胞持续不断地向上移位，当发囊中的软囊角质变化为硬蛋白质，于是头发被推出皮肤外，成为肉眼可见的头发。当头发生长接近生长期末时，毛球的细胞停止增生，毛囊开始皱缩，头发停止生长，这就是退行期。在休止期，头发各部分衰老、退化、皱缩，头发行将脱落。与此同时，在已经衰老的毛囊附近，又形成一个生长期的毛球，一根新发又诞生了。

　　据科学家测定，头发生长速度是每天 0.27~0.4 毫米。按此计算，头发一个月大约长 1~1.5 厘米，一年大约是 10~20 厘米。头发的生长期为 2~6年，退行期为 2~3 周，休止期约 3 个月。在正常人总数约 10 万根头发中，生长期头发约占 85%~90%，退行期占 1%，休止期占 9%~14%。处于休止期的头发在洗头、梳头或搔头皮时，将随之而脱落，正常人平均每天约脱落 20~100 根头发。

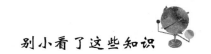

头发为什么会脱落?

　　每根头发都有自己的生长节奏而与其他周围的头发没有任何关系。每天,一个头发生长正常的人约有 120000 根的头发会脱落 50～100 根,也就是说每年要脱落 30000 根头发! 头发会死亡、脱落,还会再长出来。头发的生命周期实际上由 3 个阶段组成:1. 持续长达大约 3 年的活跃的生长阶段:头发处于生长期。2. 持续约 3 个星期的很短的一段过渡期:头发停止生长,头发毛囊萎缩。3. 持续约 3 个月的稳定期:在这个阶段结束时,头发自然脱落。这个周期在人一生中周而复始,循环往复。当然,这是在正常情况下,此外还有一些因素,如遗传、精神刺激、长期疲劳,或工作压力过重、严重失眠以及各种皮肤病、内分泌失调、理化因素等等,都可以引起头发脱落。

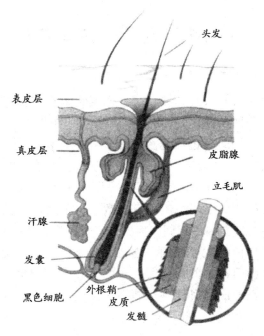

头发解剖图

卷曲的头发

有的人头发生来就是卷曲的，这是因为这些人头发的发丝呈椭圆形、肾脏形或卵形的缘故。我们每个人的头发结构都不相同，横切头发放在显微镜下观察，就可以发现，人的头发开头有圆形、扁平、卵形、椭圆形、肾脏形等，开头的不同是构成发丝卷曲或直长的关键。如果呈椭圆或肾脏形，头发就显得短而卷，很多黑人都是这样的头发；如果呈圆形，头发就显得直而粗，这种头发东方人较多；如果呈卵形，头发会大卷或呈波浪状，这种头发西方人较多。

人的头发为什么会变白？

一般说来，年轻人的头发乌黑油亮，而老年人往往白发苍苍。头发乌黑是因为头发里含有一种黑色素，黑色素含量越多，头发的颜色就越黑；反之，黑色素含量越少，头发的颜色就越淡。随着人体的衰老，毛囊中的色素细胞将停止产生黑色素，头发也就开始变白。由于人体没有统一分泌黑色素的腺体，黑色素在每根头发中分别产生，所以头发总是一根一根地变白。

一般头发变白都要好多年，但也有少数罕见的病能使人一夜变白发。尽管每个人头发变白的情况不尽相同，但男性一般发生在 30 岁后，女性则从 35 岁左右开始。头发变白的主要原因是遗传和衰老。此外，忧虑、悲哀、精神受到刺激和一些疾病因素，也会使黑色素的形成发生困难。另外还有一种情况就是：黑色素已经形成，但无法运输到头发根部，使头发中所含的黑色素减少，这样乌黑的头发就会一天天白起来。

少白头

少年白发可以分为先天性与后天性。先天性白发多与遗传、头发的色素减少或缺乏有关；后天性白发则可能与精神创伤、情绪激动、较长时间的悲观抑郁等有关。青少年白发多半是先天性的，也就是说，与遗传因素有关。如果再加上精神紧张、忧虑等因素，则可以使青少年的白发加重。如果白发很少，不影响美观，可不必管它。平时注意日常生活要有规律，处事要乐观积极，参加适当的体育锻炼以增强体质。还要依靠老师和家长，适当解决学习及生活上的各种矛盾，使自己情绪稳定、精神愉快，就可以减少白发的生成。

眉毛的作用

人们常说，眼睛是心灵的窗户，那么我们可以把眉毛看成是窗帘。长在眼睛上方的眉毛，在面部占有重要的位置，具有美容和表情作用，能丰富人的面部表情。双眉的舒展、收拢、扬起、下垂可反映出人的喜、怒、哀、乐等复杂的内心活动。同时，眉毛的另一个很重要的作用就是，眉毛位于两眼的上方，有直接阻挡汗水流入眼内、保护眼睛的作用，而如果将其拔掉，眉毛大大减少，脸上有了汗水就很容易流到眼睛里去，从而引起眼睛的炎症。

眼睛为什么能看见东西？

每天我们睁开眼睛，就能看到这五彩缤纷的大千世界，不管是走路、吃饭，还是看书、学习、工作，一时一刻也离不开这双眼睛，那么眼睛为什么能看见东西呢？从外面观察，我们眼睛有眼白和眼珠两部分，其中黑色的眼珠最外面是一层薄薄的透明角膜，角膜内有透明的液体叫房水，房水后面又有个有弹性、可调节曲度的晶状体，晶状体的后面还有透明的胶状物叫玻璃体。它们都是能透过光线的。包裹它们的是三层膜，最里面的一层叫视网膜，上面有许多感光细胞，可感受光的刺激。中间一层叫脉络膜，上面有许多色素，它的作用是使眼球里面保持黑暗（像照相机的暗房一样），以免漏过其他光线而影响视觉。最外面的一层叫巩膜，也就是我们看到的眼白，上面有许多血管神经，有保护的作用。当物体上的光线透过刚才讲到的角膜、房水、晶体、玻璃体时，被折射聚焦到视网膜上成一倒立的像，而视网膜上的感光细胞受到光线的刺激，产生冲动，由视觉神经传到大脑即形成了视觉，这样，我们就能看见东西啦。

男女的视野有差别吗？

科学家们近日研究发现，男女视野有别，女性往往能看到男性看不到的物体。其实这样的结果是有历史渊源的。在很久以前，男人不得不每天外出狩猎，养家糊口。为了盯住并跟踪远处的猎物，男人必须将眼光放得长远，并将其他事情置于一边不理会，所以大多数男人的视野就像一个隧道，狭小但长远，正是这种能力使他们能够看到距离很远的物体。而女人从远古时候起就留在家里照顾孩子和家庭，这种工作需要眼观四路，耳听八方，以防有危险靠近她们的孩子，所以她们的视野更加宽广。

人为什么会经常眨眼睛？

正常人的眼皮，每分钟大约要眨动 15 次。眨眼对眼睛是有好处的：首先，它可以起到清洁和湿润眼球的作用。其次，眨眼睛可以起到保护眼睛的作用。当风沙或飞虫接近眼睛的时候，眼皮会自然眨动，这就挡住了沙粒和虫子。

有的人特别爱眨眼睛，造成眼睛过于劳累，从而影响视力。产生这种毛病的主要原因是：由于患有某些眼病，眼睛为减轻不舒适的感觉，只好加快眨眼睛的频率，时间一长就养成爱眨眼的习惯，等眼病治好了，仍然留下了爱眨眼的毛病。爱眨眼睛并不是病，如果没有不舒适的感觉，就不需要治疗，只需克制，尽量减少眨眼的次数，过一段时间就会好转。如果在爱眨眼的同时，还有怕光、流泪、视力下降等症状，就应及时到医院诊治。

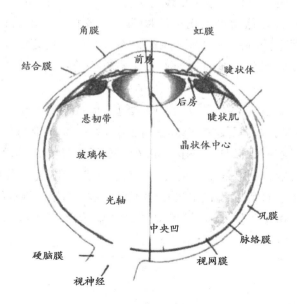

眼球结构图

人的瞳孔为什么会变大或变小？

瞳孔的大小变化可让进入眼内的光或多或少。在亮光下，围绕瞳孔的肌肉收缩，以使瞳孔变小，这能防止光线太强损害眼睛；在暗光下，其他的肌肉收缩，瞳孔变大，让更多的光线进入眼内。

会"跳"的眼皮

眼皮称为"眼睑"，眼睑内有两种肌肉：一种叫做"眼轮匝肌"形状似车轮，环绕着眼睛，当它收缩时眼睑就闭合；另一种肌肉叫"提上睑肌"，它收缩时眼睑就睁开。这两种肌肉的不断收缩、放松，眼睛就能睁开和闭合。一旦受到某种因素的刺激，这两种肌肉兴奋，产生了反复的收缩，甚至痉挛或颤动，于是人们就明显地感觉到眼皮在不自主地跳动，难以控制，这就是"眼皮跳"。

最常见的导致眼皮跳的原因是用眼太过，造成眼睛疲劳，或劳累、精神过度紧张等等。此时，只要稍作休息，闭目养神，症状会自然消失，不必紧张或烦恼。若患者有眼睛屈光不正、近视、远视或散光，又没有配戴合适的眼镜而造成眼皮跳，则恰好是在提醒你，应该去配一副适合你视力的眼镜了。如果排除了上述多种因素，且眼皮跳动不已，越来越甚，则可能因患有眼疾所致，应请眼科医生为你仔细寻找病因，做对症治疗。

人的眼珠为什么有不同的颜色?

眼珠是由角膜,虹膜和瞳孔等组成的。角膜是无色透明的,瞳孔不变色,因此,眼珠的颜色取决于虹膜的颜色。人类眼球的虹膜由五层组织构成。它们是基质层、前界膜、基质层、后界膜和后上皮层。其中,基质层、前界膜和后上皮层中含有许多色素细胞,它们含色素量的多少就决定了虹膜的颜色。细胞含色素越多,虹膜的颜色越深,眼珠的颜色也就越黑;相反,颜色越淡。细胞的色素含量与皮肤颜色是一致的,还与种族遗传有关系。有色人种如亚洲、非洲人,虹膜中色素含量多,所以眼珠看上去是黑的;白色人种虹膜中色素含量少,眼珠呈蓝色或灰色。

眼睛为什么不怕冷?

冬天,我们觉得寒风刺骨,手脚冰凉。这时候,我们穿上厚厚的棉衣棉鞋,戴上棉帽,还常常被冻得鼻青脸肿。不过,同样暴露在体表的眼睛却不怕冷。即使眼眉结冰睫毛上霜,它却照样顾盼自如,丝毫没有一点冷的感觉。这是为什么呢?原来眼睛的构造比较奇妙,构成眼球的角膜、结膜、巩膜上虽然有极丰富的触觉和痛觉神经,却没有感受冷的神经。更重要的是,角膜和巩膜是缺少血管的透明组织,几乎没有什么散热作用,而且起到缓冲寒冷传导到眼球里的作用,加上有一层眼皮保护,给眼球热量,所以眼球尽管露在外面,也不怕冷。

人的眼泪为什么是咸的？

在眼球的外上方有一个小手指头大小的腺体，叫泪腺。泪腺用血做原料，经过加工后就制造出了眼泪。在人体的血液、体液和组织液里都含有盐分，其中，盐在血中占到0.9%。另外，科学家用微量分析的方法得知，在人们的泪水中，99%是水分，1%是固体，而这固体一半以上是盐，盐在泪水中占0.6%，因此，眼泪会有咸味。

色 盲

色盲是指不能分辨颜色，其中最常见的是红色盲和绿色盲。有红色盲的人，眼睛里的视网膜上缺少含有红敏视色素的感红细胞，对红色光线不敏感。有绿色盲的人，眼睛里的视网膜上缺少含有绿敏视色素的感绿细胞，对绿色光线不敏感。这两种色盲，都不能正确分辨红色和绿色，他们所能看到的颜色，只有蓝色和黄色的区别。因缺少含有蓝敏视色素的感蓝细胞而不能正确分辨蓝色和黄色的色盲，也是有的，但非常少见。此外，还有一种比较少见的色盲，叫做全色盲。这样的人，眼睛里的视网膜上缺少感色细胞，不能分辨任何色彩的颜色。他们所看到的世界，就像黑白电视一样，只有白色、灰色和黑色的区别。

鼻子为什么能闻气味?

人类的鼻子有两大功能,一是用来呼吸,二是作为嗅觉器官。鼻子能闻出各种味道,是因为在鼻腔的内壁,有一块大约 5 平方厘米的黏膜,分布着 1000 多万个嗅觉细胞,它们与大脑有联系。我们知道,气味是由物质的挥发性分子作用形成的,当人吸气时,飘散在空中的气味分子钻进鼻腔,与里面的嗅觉细胞相遇。嗅觉细胞马上兴奋起来,将感受到的刺激转化成特定的信息,传入大脑,于是就产生了嗅觉,人就闻到了气味。

在我们的日常生活中,嗅觉的作用是不可缺少的。而有些鼻子经过特殊训练的人,辨别的能力非常惊人。如香水香精工业中的技师,他们用鼻子就可以辨别出许多种香味,评定它们的好坏。此外,人的嗅觉还可以增进食欲,用鼻子嗅到了食物的香味,会刺激食欲。

为什么会流鼻血?

由于鼻中的血管非常丰富,这些血管又位于很浅的表面,所以常常会因为跌伤、碰伤、用手指挖鼻、过分干燥而出血。鼻子患了鼻黏膜的急慢性炎症等疾病后,由于鼻黏膜破裂也会流血。鼻子容易出血也可能是其他疾病引起的,其中最常见的是急慢性传染病,如伤寒、猩红热等。在病程中,由于身体发高烧使鼻黏膜充血,很容易一碰就流血。还有,白血病及其他血液病患者,由于血液不易凝固,也会经常出鼻血。当体内缺乏维生素(主要是缺乏维生素 C)时,细胞间质的合成发生障碍,毛细血管的通透性增强,脆性加大,以致轻微的擦伤和压伤,就会引起毛细血管破裂出血。患高血压的人,如果经常咳嗽,打喷嚏,也容易出鼻血,因为咳嗽、打喷嚏时会使血压急速上升。

香味闻久了为什么就不香了?

　　当人身处花香中时，香味进入鼻腔，刺激了鼻黏膜上的嗅觉神经，嗅觉冲经将有关香味的信号传递给大脑皮质。大脑皮质中的嗅觉中枢经过仔细分析，传达给我们"香"的信息。当在花园待的时间长了，花香不断地刺激鼻嗅觉神经，有关香味的信号被不断输送给大脑皮质，同样的刺激重复地出现，时间久了，大脑嗅觉中枢神经转入抑制状态，就不会再传达"香"的信息。这样即使你还是站在花丛中，也不会觉得香了，这时的嗅觉就好像失灵了一样。

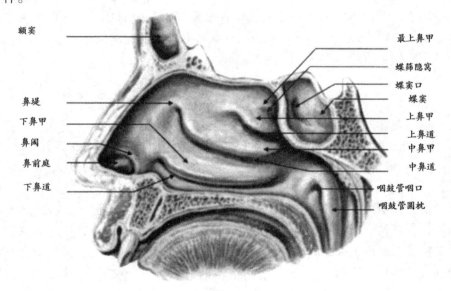

鼻部解剖图